博碩文化

博碩文化

這場遊戲不是夢，
全面進化的
量子文明時代

Kevin Chen
（陳根） 著

歷經5個世紀，集結45種新舊物理定律與實驗、30位物理學家
傾盡一生的研究；量子力學要教會我們如何換個腦袋重新認識世界，
更要帶領人類一起通往科技無極限的偉大航道。

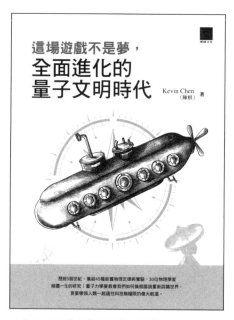

作　　者：Kevin Chen（陳根）
責任編輯：何芃穎

董 事 長：陳來勝
總 編 輯：陳錦輝

出　　版：博碩文化股份有限公司
地　　址：221 新北市汐止區新台五路一段 112 號 10 樓 A 棟
　　　　　電話 (02) 2696-2869　傳真 (02) 2696-2867

發　　行：博碩文化股份有限公司
郵撥帳號：17484299　戶名：博碩文化股份有限公司
博碩網站：http://www.drmaster.com.tw
讀者服務信箱：dr26962869@gmail.com
訂購服務專線：(02) 2696-2869 分機 238、519
（週一至週五 09:30 ～ 12:00；13:30 ～ 17:00）

版　　次：2023 年 1 月初版一刷

建議零售價：新台幣 450 元
Ｉ Ｓ Ｂ Ｎ：978-626-333-372-7
律師顧問：鳴權法律事務所 陳曉鳴律師

本書如有破損或裝訂錯誤，請寄回本公司更換

國家圖書館出版品預行編目資料

這場遊戲不是夢，全面進化的量子文明時代 / Kevin
Chen(陳根) 著 . -- 初版 . -- 新北市 : 博碩文化股份有
限公司 , 2023.01
　面；　公分

ISBN 978-626-333-372-7(平裝)

1.CST: 量子力學

331.3　　　　　　　　　　　　　　　111021778

Printed in Taiwan

歡迎團體訂購，另有優惠，請洽服務專線
博碩粉絲團 (02) 2696-2869 分機 238、519

這場遊戲不是夢，
全面進化的量子文明時代

序

　　量子技術從這個理論在物理學領域被提出來的那一天開始時，由於其所具有的顛覆當前傳統古典物理學的理論，因此備受爭議與關注。但隨著傳統古典物理的不斷深入研究，在更為微觀的實體層面開始了更深入的探索，讓愈來愈多的物理學家看到了曾經量子假設概念的可能性與真實性。可以說，量子技術是接下來我們人類世代，最主要也最核心的技術之一，並且將奠定新的物理學理論與發展路徑。如此重要的物理學理論與技術理論，不論是美國、歐洲還是中國，都在耗費龐大的研發經費，都在試圖獲得這個領域的話語權。

　　其背後的原因就在於我們正處於一個資訊時代，資訊時代讓我們面臨著兩大困境，一個困境是資訊通訊的安全，另外一個則是不斷增長的資料與其所需要的運算、儲存能力，而量子技術正是解決這兩大困擾的技術：由於量子的不可觀察性，就決定了基於量子通訊的超高安全性，以及無法被破解與觀測，一旦對量子進行觀測，所觀測到的結果已經不是量子的真實狀態。這種無法被破解的通訊安全，正是資訊時代使用者所響往的一種隱私權。

　　而由於元宇宙的出現，以及萬物互聯時代的不斷推進，包括人類在內的萬物進入一個資料化的時代，所產生的資料將以幾何級的速度增長。就我們當前的半導體技術而言，基於傳統古典物理材料技術下的半導體技術，已經進入了一個發展極限。我們可以繼續借助於材料性能，以及在工藝與設計層面進行優化，或許能讓晶片進 0.5 奈米級或者是 0.1 奈米級，但是並無法對算力做出革命性的變化。這就意味著根據當前古典物理學與材料學路徑下的

算力，將無法滿足與應對幾何級增長速度的大數據，而這正是量子技術所能解決的第二個問題。由於量子這種根據糾纏的資訊計算與傳輸方式，不受時空的限制，是我們當前在古典物理學下無法想像的一種顛覆性運算方式。以超光速方式及我們目前還難以真正認知的計算速度，為我們建立新的半導體技術。而根據量子技術發展的半導體技術，未來是否會定義為半導體，還是將以新的名稱來開啟一個全新的時代，目前很難下結論。

而本書所探討的正是根據量子技術，從量子技術的發展層面來探討過去與現代，以及未來可能的路徑，包括所涉及的材料學與相關的難點。目前最大的難點並不在於量子技術本身，而在於人類的認知存在著偏差，我們一直在傳統古典物理的路徑上，試圖去尋找、解決與實現超越傳統物體的量子科學技術。

可以預見的是，量子物理終將開啟一個新的時代，但這段過程需要走多久，目前還很難準確預見。或許我們還需要在傳統的古典物理框架下不斷試錯，直到有一天以一種我們想像不到的方式，開啟了新的認知，並找到了新的方法，從而建構出一個全新的時代。

由於時間的倉促，以及本人學識與認知的有限性，在寫作過程中難免會有疏忽與不足，還望讀者們諒解。

陳根

2022 年 11 月 10 號於香港

基礎篇
發現量子世界

第一章　神祕的微觀世界　　　　　　　　*003*

探索篇
問路量子力學

第二章　從迷途到新生　　　　　　　　　　　*029*

第三章 量子的本質　　　　　　　　　　*075*

第五章 上帝不會擲骰子　　*121*

展望篇
激盪量子時代

第六章 「量子化」的材料 *155*

第七章 走進量子世界 *177*

基礎篇 ｜ 發現量子世界

1
CHAPTER

神祕的微觀世界

「世界不是既成事物的集合體,而是過程的集合體。」

——德國哲學家,恩格斯

1.1　古典力學大廈落地

　　十七世紀末，牛頓《自然哲學之數學原理》的出版，標記著人類進入了古典力學時代。古典力學的巨大成就體現於在科學研究和生產技術中的廣泛應用——自從牛頓建立古典力學以來，人類利用古典力學進行了第一次工業革命，從而大大提高了生產力；後來的第二次工業革命也有古典力學的影子。

　　直到今天為止，牛頓的古典力學都還在指導人類生活的方方面面，從火星車降落火星到子彈擊穿目標，這一切都需要用到古典力學，可以說牛頓深深地影響著十七世紀之後的人類世界，也在一定程度上加速了科技革命的發展。

　　不過，正如德國哲學家恩格斯（Friedrich Engels）所說：「世界不是既成事物的集合體，而是過程的集合體。」任何事物的形成都不是一蹴而就的，而是有一個發展過程，古典力學也是如此。在古典力學大廈落地後的很長一段時間裡，人們都在黑暗中向科學摸索著前進。

1.1.1　用宗教統治科學？

　　在早期社會中，由於生產力和創造力極其低下，人類無法認識大自然中很多現象的本質，更不知道如何去解釋這些現象。因此，出於本能，人類只能相信大自然和宇宙之外存在著一股神祕的神靈，並把這些現象的產生歸因於神靈，對神靈敬畏、依賴和歸依，請求神靈的保佑。

　　於是，宗教和神學誕生了。宗教是人們思想的依託，負責解釋世界、傳播信念、安慰心靈、甚至進行司法審判，滲透到社會的政治、經濟、文化等各方面。古希臘時期，羅馬統治者更將宗教作為統治力量凌駕於其他文化之

上，致使宗教在思想上取得絕對的統治地位，支配著科學、哲學及其他文化形式。

而早期科學，儘管只是關於自然、生活的經驗以及工藝品的製造，卻也一樣受到宗教支配著。雖然古希臘時期的哲學家、科學家們試圖解釋一些自然現象，但由於技術的限制，也只能依賴自己的經驗。其中較為人們所熟知的，就是亞里斯多德（Aristotle）和托勒密（Claudius Ptolemaeus）這兩位集哲學、自然等多領域於一身的科學家。

在力與運動方面，亞里斯多德提出了兩個重要觀點：第一，體積相等的兩個物體，較重的物體下墜得較快；第二，力是維持物體運動的原因。儘管這兩個觀點都被後來的學者們一一推翻，但還是被人們接受了很長一段時間，並持續引發後來的科學家思考和研究。

托勒密與亞里斯多德一樣也是古希臘數學家、天文學家。由托勒密創造、亞里斯多德完善的「地心說」，有很長一段時間佔據著人們對於地球和日月星辰的觀察。在「地心說」的主要觀點中，宇宙是一個有限的球體，分為天地兩層，地球位於宇宙中心，日月圍繞地球運行，物體總是落向地面。地球之外有九個等距天層，由裡到外的排列次序是：月球天、水星天、金星天、太陽天、火星天、木星天、土星天、恒星天和原動力天，此外空無一物。各個天層自己不會動，上帝推動了恒星天層，恒星天層則帶動了所有的天層運動，而人類居住的地球，靜靜地屹立在宇宙的中心。儘管「地心說」現在看起來非常荒唐，但卻是當時最先進的人與自然之模型。

在當時，亞里斯多德的物體運動觀點和托勒密的「地心說」圓滿地解釋了日常生活中的現象和行星運動情況，因此被人們信奉為經典。基督教將亞里斯多德的思想與基督教義結合，認為推動物體的第一推動者是上帝，使得亞里斯多德的思想成為權威思想，統治了人們思想一千多年。托勒密的「地心說」則得到了天主教的支持，教會也因而成為思想上的統治者。

1.1.2　走出「地心說」時代

在「地心說」統治了人類長達兩千年後，到了十四世紀，隨著義大利商品經濟的發展，逐漸出現了早期的資本家，這些資本家如銀行家、富商等提倡自由與人的觀念，反對教會和封建迷信對人的思想禁錮，並要求復興在中世紀被湮沒的古希臘、羅馬時代文化，這就是歐洲歷史上著名的「文藝復興」運動。這場運動以人文主義為核心，強調以人為中心而不是以神為中心，反對愚昧的宗教迷信，使人們的思想得到解放。

這場運動促使科學得到了空前的發展——隨著天文觀測資料愈來愈多、愈來愈精確，托勒密的「地心說」漸漸無法解釋很多現象，於是學者們開始對「地心說」不斷進行修補，結果愈修愈複雜，直到哥白尼（Nicolaus Copernicus）的出現，人類才開始從「地心說」時代走向「日心說」時代。

1491 年，哥白尼到克拉科夫大學去學習天文和數學，他非常勤奮地鑽研了托勒密的學說，發現有很多錯誤結論。哥白尼認為，天文學要發展，不應該不斷修補「地心說」，而是要發展新的宇宙結構體系。

哥白尼接受畢達哥拉斯學派所提出的「宇宙是和諧的，可用簡單的數學關係來表達宇宙規律」思想，並且高度讚揚太陽，認為太陽是宇宙中心。透過觀察星辰運動規律並進行不斷地觀測和計算，哥白尼逐漸確信，地球和其他行星都是圍繞著太陽轉動。

1516 年，哥白尼發布著作《天體運行論》。在《天體運行論》裡，哥白尼嚴密地論證了行星的運動，並建立了三種太陽系的運動模式：第一種，地球繞著太陽轉，週期一年；第二種，地球自轉，週期一天，這解釋了為什麼會有晝夜交替現象；第三種，地球自轉軸是傾斜的，旨在解釋四季更迭現象。

　　遺憾的是，哥白尼雖然提出了「日心說」，但是並沒有得到教會的認可，出版《天體運行論》過程也遇到重重困難。甚至，義大利思想家喬爾丹諾布魯諾（Giordano Bruno, 1548-1600）因為到處宣傳「日心說」、反對「地心說」，被教會視為「異端」指控其違背教義，1600 年被活活燒死在羅馬鮮花廣場。

　　無論如何，既然關於科學原理的探索已經開始，那麼就不會輕易結束。哥白尼提出的「日心說」雖然沒有立即得到認可，但幾十年後，克卜勒（Johannes Kepler）在哥白尼「日心說」的基礎上，提出了更加有力的克卜勒行星定律。

　　克卜勒於 1571 年出生於德國符騰堡，16 歲時進入杜賓根大學研習文學。在校期間，克卜勒的天文教授麥斯特林（Michael Maestlin）祕密教授「日心說」，使得克卜勒受到很大的影響，開始對天文學和數學產生濃厚的興趣。1596 年，克卜勒發表了他在天文學方面的第一部著作《宇宙的神祕》，並在書中肯定了哥白尼學說，由此，克卜勒的數學才能得到了丹麥天文學家第谷布拉赫（Tycho Brahe）的賞識。不過，第谷本人並不支持「日心說」。

　　第谷對天文觀測的資料非常準確。1600 年，克卜勒接受第谷的邀請，來到布拉格郊外的天文臺擔任第谷的助手；克卜勒和第谷共事一年多後，第谷就去世了，去世前第谷把自己畢生觀測的資料交給了克卜勒。克卜勒當了第谷的接班人後，開始認真整理、計算第谷的觀測資料，想要以此來證明哪一種學說是正確的。

　　1609 年，克卜勒發表他的天文學著作《新天文學》，他在書中正式提出了兩個行星運動定律。其中，行星運動第一定律就是**軌道定律**，即每個行星都繞著太陽運動，運動軌跡是橢圓的，而太陽在橢圓的一個焦點上。行星運動第二定律為**面積定律**，即行星在近日點速度最快，在遠日點速度最慢，

行星和太陽的連線在相等的時間內掃過的面積相等。在兩大行星定律提出後，克卜勒又繼續提出了行星運動第三定律——**週期定律**，即行星運動橢圓軌道半長軸的立方與週期的平方成正比。為了紀念克卜勒的偉大成就，這三個行星運動定律也稱為「**克卜勒定律**」。克卜勒的發現，是哥白尼體系的完善，不僅否定了正圓軌道，也推翻了托勒密「地心說」；它使複雜的宇宙結構簡單化，讓人們更容易認識宇宙。**從克卜勒開始，天文學才真正成為一門精準的學科。**

在克卜勒完善哥白尼體系的同時，伽利略（Galileo Galilei）則從實驗及方法的角度為科學帶來新的視野。伽利略是物理學史上不可忽視的科學家，他一生的成就很多，比如：發現了單擺擺動的時間等長性（擺錘等時性原理）；設計溫度計，從而開啟熱力學領域的研究；製造天文望遠鏡，開啟人類對宇宙觀察的望遠鏡時代等。

而最讓人們欽佩的還是伽利略打破了兩千多年關於力與運動的束縛，率先提出力不是維持物體運動的原因，並創造性地提出了慣性原理。

為了解決力與運動的關係，伽利略首次提出了加速度的概念，為後來力與運動的定量計算奠定了基礎，更首度提出「實驗是理論研究的基礎」；自此，物理實驗提升到了前所未有的高度，伽利略也因此被人們尊稱為「近代物理學之父」。同時，為了向大眾推廣自己的觀點，伽利略在《關於托密勒和哥白尼兩個世界的對話》一書中，開創性地使用對話錄進行書寫，讓知識更容易傳播。

1.1.3　蘋果砸出的經典時代

雖然克卜勒、伽利略等科學家們已經為近代物理學的發展給出了理論和科學實驗的支持，但這些理論依然不夠完備；例如，克卜勒雖然提出了行星運動定律，但是並沒有具體論證為什麼行星會繞著太陽轉。物理學大廈想要

真正落成，還需要一位關鍵的人物來綜合並完善這些科學理論，而這位關鍵的人物，就是如今眾所皆知的偉大科學家——牛頓。

1688 年，牛頓發表了著作《自然哲學的數學原理》，從此將人類帶入了古典物理學時代。牛頓的主要成就——對萬有引力和力學三大定律的研究——都雲集在此。

牛頓認為地球對地面的物體是有力的作用，且這個力符合「萬有引力定律」，並且證明和完善了克卜勒關於天體運動的定律。關於牛頓發現萬有引力的過程，相信大家都不陌生：一個倒楣的年輕人，對砸中他的蘋果產生興趣，進而發現了萬有引力定律。

所謂「萬有引力」，即一切的物體之間都存在著相互吸引的作用力。這個看起來簡單的解釋，卻是一個非常偉大的發現。雖然克卜勒等人已經對天體運動有了一定的瞭解和理論歸納，但相較於前人的研究成果，牛頓的理論更加有系統而全面性，且能解釋更多的自然現象。此一定律的表達方式也更加簡單——任意兩個質點之間相互吸引，引力的方向在質點的連心線上，引力的大小和質點的質量乘積成正比，和質點的距離平方成反比。正是有了牛頓的萬有引力定律，人們才得以解開宇宙運轉的奧祕，並且藉此揭示和研究行星環繞恒星運動的規律，以及衛星環繞行星運轉的規律。

另外，牛頓還專門闡述了**力學三大定律，即慣性定律、加速度定律和作用力與反作用力**。

在牛頓以前，人們理所當然地認為，物體的運動需要力的推動，如果要物體持續不斷地運動就要持續不斷地給它推動力，就像推動一輛失去動力的汽車一樣，一旦不施加力的作用它就會停下來；這種觀點就跟亞里斯多德認為輕的物體掉落速度比重的物體慢一樣。

牛頓則認為，當物體沒有受到外力的作用時，將保持靜止或者等速度直線運動。唯有要改變物體的運動狀態時——由靜止走向運動、由等速運動變為加速運動、由直線運動變為曲線運動——才需要力的作用。簡單地說，就是「**一切物體總保持等速直線運動狀態或靜止狀態，直到有外力迫使它改變這種狀態為止**」。也就是說，靜止或者等速直線運動才是物體最「自然」的狀態；如果沒有受到外力的作用，物體將永遠保持這種狀態。這個理論從根本上改變了人們所認為的必須用力才能讓物體運動的舊觀念，而這就是牛頓的慣性定律。

加速度是**描述物體運動速度改變的物理量**，它可以是增加、也可以是減少；我們可以將減少看作是一種負的加速度。使物體產生加速度的原因是力，也就是說，要使物體由運動變為靜止或者由靜止變為運動，或者使運動的物體速度增加或減小，都需要力的作用。

至於作用力和反作用力，從字面意義上就能夠理解。例如，猴子去搖石柱，猴子對石柱產生了作用力，同時，石柱也會對猴子產生反作用力。作用力與反作用力之間的關係有三個：一是大小相等，二是方向相反，三是作用在同一直線上。這就是牛頓力學的第三定律——**兩個物體之間的作用力與反作用力總是大小相等、方向相反，並且作用在同一直線上。**

牛頓把物理的一切運動和形變都歸結於有「力」的存在。如果沒有力，所有的東西都不會改變運動狀態；如果有了力，物體就會運動或者形變，力愈大、運動就愈明顯。

牛頓讓很多常見的生活現象得到科學的解釋：停車的時候，乘客為什麼會前傾；轎車啟動的速度為什麼會比卡車快；用力拍桌子的時候，手為什麼會疼；地球為什麼會圍繞太陽轉…等。

至此，古典力學的大廈總算落成。然而，就在科學家們享受著現代物理學得之不易的萬里晴空時，遠方飄來了兩朵烏雲。

1.2　晴空中飄來「烏雲」

如果要評選物理學發展史上最偉大的時代，那麼有兩個時期是一定會入選的，那就是十七世紀末與二十世紀初。

十七世紀末，牛頓集前人的經驗理論於大成，出版《自然哲學之數學原理》，使人類進入古典物理學的時代。

二十世紀初，當科學家們普遍認為，世界上所有已經發現的物理現象都可以用牛頓的古典力學理論、麥克斯韋的經典電磁場理論等古典物理學理論來解釋，以至於不少物理學家都萌生出「物理學大廈既已落成，之後只需做些修補工作即可」的感覺，然而就在這個時候，古典物理學大廈的遠方，卻飄來了烏雲。

1.2.1　古典力學的「紫外災難」

雖然古典物理學看起來已經相當完整，但是這種輝煌的年代很快就遭遇了新的挑戰。隨著科學的發展和世界的變革，牛頓力學在一些特殊的應用情景下居然「失靈」了。其中一個典型的問題，就是曾任英國皇家學會會長的知名物理學家凱爾文爵士（Lord Kelvin）在 1900 年 4 月舉行的一場演講中提到的「兩朵烏雲」：**紫外災變和黑體輻射問題。**

要知道，按照 1900 年以前人們的認知，光是一種波，具有一定的頻率，而頻率就是一個物體在單位時間內振動的次數。例如，如果一顆籃球一

秒鐘彈跳一次，就稱為一赫茲，而我們每秒鐘可以打出三個字，就是三赫茲。在波的現象中，一秒鐘在一個點振動的次數，稱為這個波的赫茲數。對於光波所攜帶的能量也是如此情況，光波在一秒鐘振動的次數愈多，其所攜帶的能量就愈大，因此測量光具有的能量就是計算其一秒鐘振動的次數。紅光、綠光、藍紫光在一秒鐘振動的次數不同，其所攜帶的能量就不同。

在這樣的前提下，我們還需要知道一個常識性知識，那就是任何固體或液體在任何溫度下都在發射各種波長的電磁波，也就是光。舉一個很簡單的例子：

當一個鐵塊加熱的時候，我們首先能感覺到外面會「發熱」，雖然鐵塊還是原來的顏色，但是它所發出的電磁波卻已經改變了——這個時候，它所釋放出的是肉眼不可見的電磁波（紅外線）。我們看不到這些電磁波，但卻可以感受到它輻射出的效應：發熱。當我們把鐵塊繼續加熱，在超過 550 度時，它就會發射出肉眼可見到的紅色光；隨著溫度繼續升高，鐵塊還會變為橙色、黃白色，逐漸到青白色。

根據三原色原理，三種顏色的光同時釋放時，就變成了白色。例如，白熾燈泡中的鎢絲溫度達到 2,200 度，釋放出的光就是白色的。當我們把物體繼續加熱到 5,000 度以上時，就會釋放出更高頻率的光——藍光、紫光和紫外線。

根據 1900 年以前人們的認識，一個被加熱的物體，會在所有頻段同等地發射電磁波。按照這個邏輯，溫度愈高則釋放出所攜帶的能量就愈高，以致溫度達到十萬度時，會釋放出極高頻率的電磁波。

也就是說，隨著溫度不斷升高，如果把光看成是連續發射出的波，那麼加熱物體釋放出的光頻率將是無限的，意即，其輻射的總量也是無限的。由於所釋放出的電磁波都在紫外線一端，因此，1911 年，奧地利物理學家艾倫費斯特（Paul Ehrenfest）把這種推斷會釋放出無限頻率和無限輻射總量的現象稱為「**紫外災變**」（**ultraviolet catastrophe**）。當然，紫外災變只是人們在理論上得出的一個「結果」，即高熱物體會無限量放出高頻光；但這個推論卻和事實相違背。

此前，在研究電磁波時，科學家們就在熱力學範疇建立了一個理想模型 ── 黑體，為了研究不依賴於物質具體物性的熱輻射規律，物理學家以此作為熱輻射研究的標準物體，它能夠吸收外來的全部電磁輻射，並且不會有任何的反射與透射；換句話說，即黑體對於任何波長的電磁波吸收係數為 1，透射係數為 0。而我們已經知道，一切溫度高於絕對零度的物體都能產生熱輻射，溫度愈高，輻射出的總能量就愈大，短波成分也愈多。隨著溫度上升，黑體所輻射出來的電磁波則稱為「**黑體輻射**」（**black-body radiation**）。

透過測量黑體實際釋放的輻射，物理學家們發現，黑體輻射並非像古典理論所預言的「在紫外區域趨向無窮」，而是在「臨近波譜的可見光區域中間位置」達到峰值。也就是說，隨著溫度的升高，輻射的能量會先出現一個峰值，再隨波長的減小而衰減。太陽就是一個最好的黑體，其表面溫度是 6,000 度，如果光是波，那麼太陽發射出的光絕大部分應該以紫外線的方式發射出來，然而實際情況卻是，太陽所發射出最多的並非紫外線，而是白光，紫外線和高能射線只占總輻射量極少一部分。

因此，當我們把光設想成波，如下頁圖所示，就會引發理論與實際檢測上的不一致。物理學家們對於這種奇怪、不符合理論的資料感到迷惑，也無法理解。

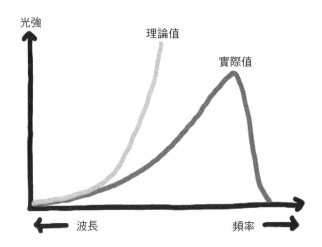

從紫外災變到黑體輻射，古典物理學理論出現了物理學家們無法解釋的「失靈」，而當時的物理學家們或許不會想到，正是黑體輻射問題，成為後來動搖古典物理學大廈的開端。

1.2.2 「失靈」的古典力學

古典物理學理論除了無法解釋黑體輻射現象，還曝露出了諸多局限性。

古典力學是從日常生活的機械運動中總結出來的規律，因此所觀察到的物體都是宏觀的。然而，十九世紀末到二十世紀初，人們相繼發現電子、質子、中子等微觀粒子，超出了宏觀的日常生活經驗領域——它們不僅具有粒子性，而且具有波動性；它們的運動規律不能用古典力學描述。

1898 年，居里夫婦發現了放射性元素釙（polonium）和鐳（radium）。這些發現表明原子不再是組成物質的最小單位，而是具有複雜的結構。1911 年，紐西蘭物理學家拉塞福（Ernest Rutherford）根據所做的 α 粒子散射實驗提出了著名的原子模型——稱為「拉塞福模型」（**Rutherford** model）：原子的正電部分和質量集中在很小的中心核——即原子核中，電子圍繞著原子核運動。

但該模型建立後引發了一個問題：為什麼原子外層帶負電荷的電子並未被帶正電的原子核吸引而陷入核內？按照古典電動力學，圍繞原子核運動的電子將不斷輻射而喪失能量，最終掉入原子核中而「崩潰」。但現實世界中，原子卻是穩定地存在，這就是古典物理學無法解釋的。

古典物理學無法解釋的還包括光電效應。所謂**光電效應，是指光束照在金屬表面時會發射出電子的現象**，這個現象非常奇特，本來電子被金屬表面的原子束縛得牢牢實實，但一旦被一定光線照射，這些電子就開始變得活躍起來。令人不解的是，光能否在同種金屬表面打出電子來，不取決於光的強度，而取決於光的頻率？顯然，古典物理學的波動理論不適用於這個現象。

另外，原子光譜、固體比熱和原子的穩定性等問題的存在，都讓古典物理學的局限性愈發突顯出來，人們逐漸意識到古典力學的匱乏，也漸漸發現了古典力學的漏洞：在牛頓的古典力學中，時間是絕對的，空間也是絕對的，高速運動與低速運動是絕對的，微觀世界與宏觀世界亦是絕對的存在。

於是，為了消除古典物理學大廈上方的烏雲、解釋這些古典物理學所不能解釋的現象，物理學家們在不經意間敲開了量子世界的大門。終於，二十世紀初，物理學家們開始探索原子、原子核以及基本粒子這個無聲無形的世界，繼理論和實驗探討之後，一個新的王國橫空出世，那就是量子王國。

與古典物理學時代相比，將近三百年後的量子時代更是充滿了神祕與輝煌，相對論和量子論的誕生，不僅創造了一個全新的物理世界王國，更是徹底推翻並重建了整個物理學體系，時至今日依然具有深遠的影響。

1.3　從普朗克公式到光電效應

古典物理學曝露出的問題，吸引著物理學家們進一步探索。

其中，面對「紫外災難」帶來的黑體輻射問題，普朗克（Max Karl Ernst Ludwig Planck）開創性地提出了**量子假說**，即假定振動電子輻射光的能量是量子化的，從而得到一個運算式，與實驗完美契合。

儘管普朗克一開始對自己的理論並沒有信心，甚至認為理論本身是很荒唐的，就像他後來所說的：「量子化只不過是一個走投無路的做法。」但終於，普朗克還是推開了量子世界的大門，人類也由此從古典物理學時代開始走向另一個同樣輝煌燦爛的時代——量子時代。

1.3.1　普朗克：一個走投無路的做法

實際上，在普朗克提出量子假說之前，存在著兩種黑體輻射理論。

一種是威恩的公式——1893 年，德國物理學家威恩（Wilhelm Wien）發現輻射能量最大的頻率值與黑體的絕對溫度成正比，並給出輻射能量對頻率的分布公式。威恩認為，既然黑體輻射討論的是電磁波的發射問題，電磁學中已經知道，帶電粒子或電流做簡諧振動（simple harmonic motion）時將輻射電磁波，那麼黑體輻射問題應該可以在電磁學的理論基礎上討論解決。威恩公式體現了物體的離散性特徵，卻只能在短波階段符合實驗的檢驗，在長波階段就會失效。

另一種是瑞利 - 金斯公式——1899 年，英國的物理學家瑞利（Third Baron Rayleign）和天體物理學家金斯（James Hopwood Jeans）在電動力學和統計物理學的基礎上，從理論匯出了一個輻射能量對頻率的分布公式。

在這個公式中，當輻射的頻率趨於無窮大時，輻射的能量是發散的，這個理論反映了能量的連續性。然而，瑞利 - 金斯公式雖然在長波階段與實驗資料相吻合，彌補了威恩公式的缺陷，但在短波階段卻失去了威恩公式的優點。

為了解決這些問題，普朗克採用內插法，將威恩公式和瑞利 - 金斯公式結合起來，得到了一個完全符合實驗結果的公式，就是著名的**普朗克公式**。

普朗克在 1900 年底提出了對其公式的解釋方案。同年 12 月 14 日，普朗克向德國物理學會宣讀了《正常光譜能量分布定律的理論》文章，報告他的這個大膽假說，即：諧振子的能量不是連續變化的，只能取某個最小值的整數倍，而那個最小值與振子的頻率成正比，比例係數 h 是從實驗資料擬合得到，也就是所謂的**普朗克常數**。透過這種假設，就得到了普朗克公式。

由於電磁諧振子吸收或放出的電磁波與其頻率一致，因此這種振子的能量只能取分立值的觀點，也就導致黑體輻射和吸收能量也是一份一份的，稱之為能量子。簡單來說，從黑體中輻射出來的電磁波並不是連續發出的，而是以「份」的形式發出，**普朗克將一份能量稱為一個「量子」，而其創始的量子論成為量子力學的初步概念**。普朗克成功地把人類推進了量子力學的大門內，12 月 14 日這個日子也就被稱為「量子日」。普朗克作為量子力學的創始人，在 1918 年獲得了諾貝爾物理學獎，1069 號小行星更以普朗克的名字來命名[1]。

普朗克的能量子概念打破了古典物理學認為物理量可連續取值的基本假設，首次提出能量分立的設想，否定了能量均分定律。這與古典物理學背道而馳，讓普朗克自己都有些顧慮，以至於他在相關論文的最後說道：「我謹在此提出，大家不要太認真。」事實上，當時的物理學界真的沒有認真看

---

[1] 編註：第 1069 號小行星於 1927 年發現，1938 年以物理學家普朗克的名字命名為 Planckia。

待；普朗克提出這個公式五年之後，還有人試圖從古典物理學角度來解釋黑體輻射的問題。

1.3.2　愛因斯坦：讓光子「量子化」

普朗克作為量子力學啟航的先驅，並沒能為量子化假設給出更多的物理解釋，他只是相信這是一種數學上的推導手段，從而能夠使理論和經驗上的實驗資料在全波段範圍內相符合。很快，愛因斯坦將普朗克的量子理論加以完善並發揚光大。

在普朗克提出能量並非連續而是一份一份，而每一份能量又和頻率有關的基礎上，愛因斯坦假設，既然能量不是連續，電磁波是一種能量，光又是一種電磁波，那麼光或許也不是連續的。

1905 年，愛因斯坦發表論文《關於光的產生和轉化的一個試探性觀點》，正式提出了他的假說。在這篇文章中，愛因斯坦大膽地假設光也是一種不連續的「能量子」，即「光量子」，他提出，光子在靜止的時候質量為 0，運動時會有質量。但在這當中，「光量子」的說法和牛頓的「微粒」說法是不同的，牛頓認為光是一種有實心的「微粒」，而愛因斯坦所說的「光子」則是量子化的。

愛因斯坦透過進一步研究發現，當光子發射到金屬板上時，金屬板上的電子會把光子帶有的能量吸收；如果在此過程中，電子吸收了過多能量，導致不能被原子核所束縛，這時電子就會掙脫束縛，逃到金屬板的表面，這就是「光電效應」。愛因斯坦的論述解釋了為什麼光電子的能量只與頻率有關，而與光強度無關：即便光束的光強度很微弱，只要頻率夠高，就會產生一些高能量光子來促使束縛電子逃逸；相反地，儘管光束的光強度很劇烈，但是若頻率太低，便無法給出任何高能量光子來促使束縛電子逃逸。

憑藉「光電效應」的發現，愛因斯坦獲得了 1921 年的諾貝爾物理學獎，也讓我們對如此平常的光有了更進一步的認識。

後來的十多年裡，愛因斯坦對光的研究一直沒有停止；也正是他的研究，為發明雷射奠定了重要的基礎。

透過對光的不斷研究，人類的現代生活才會得到如此大的改變。例如，網路建立在光纖等通訊設備上，其應用就是來自於對光量子的研究。再比如，在化石能源日益枯竭的今天，人類社會對能源的需求卻日益增多，所以，尋求新的再生能源技術迫在眉睫，其中，太陽能就是清潔的可再生能源，而獲得太陽能的關鍵就是需要充足的陽光；在這個過程中，光量子的參與相當重要。作為地球上所有能量的來源，太陽本身蘊藏著無窮無盡的能量，研究發現指出，太陽的能量來自其內部無時無刻不在進行的聚變反應（核融合反應）。於是，人們開始研究如何在地球上掌握這個超級技術，一旦成功，將徹底解決人類的能源問題，其中一種重要的手段便是利用超大功率的雷射（laser）來實現。

雷射在醫療領域有著出色的表現，例如利用雷射來治療近視。此外，雷射亦應用在燈光照明上，以及測距、建築對準水準等。

人類對光的認知不僅給生活帶來了極大的便利，在現代物理學上也有許多重要的應用，由「光電效應」所帶來的新課題幾乎影響了整個現代物理學的研究範疇，像是新興的各種量子材料、超導體的研究等，物理學最尖端的光電效應都發揮了不可取代的作用。

不管是普朗克提出量子假說，還是愛因斯坦發揚了普朗克的量子假說，這些理論都為科學家們瞭解量子論奠定了重要的基礎，這對於物理學乃至整個人類社會都是非常巨大的貢獻。

1.4　何為量子？為何力學？

1.4.1　量子不是粒子？

普朗克和愛因斯坦雖然將人類帶進了量子的世界，但問題是，量子到底是什麼呢？

在認識量子之前，我們先來認識物質世界。實際上，從古至今，人們一直在探尋物質的組成。《莊子》裡有這樣一段話：「一尺之棰，日取其半，萬世不竭。」意思是說有一個一尺長的東西，今天取它的一半，明天再取它的一半，這樣一直取下去，永遠也取不完，其中所包含的深意在現代看來，就是物質可以無限分割下去，永遠不會有窮盡。

那麼，到底什麼才是構成這個世界的最基本單位呢？在一代又一代科學家們的不斷探尋下，人類終於發現了迄今為止能觀測到的最小物質——基本粒子。在現代物理學中，標準模型理論指出，世界上存在著 62 種基本粒子，它們是構成世界的基石，一切都是由這 62 種粒子組成。這個發現的歷程是蜿蜒曲折的。

上個世紀初，物理學的突破使得世界進入了原子時代，科學家們發現原子中包含有電子核，而電子核周圍還有圍繞它轉動的電子。原子本身已經極其微小，原子裡面的原子核就更加渺小，例如氫原子，它的半徑約為 5.3×10^{-11}m，即 0.053nm（奈米），而氫原子核（即質子）的半徑大約是 8.8×10^{-16}m，即 0.88fm（費米）[2]；氫原子的半徑大約為氫原子核的六萬倍。假如把氫原子看成地球大小，半徑 6,400 公里，那麼氫原子核就只

---

❷　編註：費米為物理學中常用的長度單位，為紀念義大利物理學家費米（Enrico Fermi）而以其名字來命名。

有 107 公尺左右，相當於一棟 35 層樓高的大小。隨著科學的發展，人們發現，如此微小的原子核，都還可以繼續分割成更小的物質。

這些組成原子核的物質，可以分為很多種類。剛開始的時候，科學家們發現的有光子、電子、質子和中子這四種，後來又陸陸續續發現了正電子、中微子、變子、超子、介子等，這些粒子都稱為基本粒子。基本粒子在宏觀世界看來是極其微小的，其中要數質子和中子相對較大，但它們的直徑也只有大約十萬億分之一釐米，除此之外，其他的基本粒子就更微乎其微了；舉例，一個中微子（neutrino，又稱微中子）只有一個電子的萬分之一，而一個電子只有一個質子的兩千分之一左右。

這些基本粒子雖然微小，但都是有質量的。其中，光子很特殊，它的靜止質量為零；一個 40W 的燈泡，一秒鐘發出的光子都是以萬億計的。質量最大的要數超子，它是質子質量的 340 倍，但其存在時間卻是極短，只有百億分之一秒。

基本粒子還有一些很有趣的現象，例如在某些情況下，它們能互相轉化成為彼此，像是正電子和電子，它們具有一樣的外表、一樣的重量、一樣的電荷量，只不過一個帶正電，一個帶負電，它們一旦碰撞在一起，便會轉化成為光子。另外還有質子和反質子相遇可以轉變為反中子等。

現代物理指出，基本粒子這些有趣的現象就是**「對稱性」**，意即，**只要存在一種粒子，那麼一定存在這種粒子的反粒子，正反粒子相遇時會產生湮滅現象，變成帶有能量的光子，也就是物質轉化成能量；相反地，高能粒子相互碰撞也有可能會產生新的正反粒子，也就是能量可以轉化成物質**。這表示，物質和能量可以相互轉換。

不僅如此，隨著科學技術的發展，人們還發現基本粒子也是由更加微小、更加基礎的「基本粒子」所構成。例如，質子裡面還有更小的物質——

夸克（quark），每一個質子和中子都是由三個夸克組成的，而反粒子則是由反夸克組成。即便是現代最先進的電子顯微鏡，也無法直接觀察到夸克，科學家們只能透過實驗證實它們的存在。

現在已知的夸克有六種，分別是：上夸克（up quark）、下夸克（down quark）、魅夸克（charm quark）、奇夸克（strange quark）、頂夸克（top quark）、底夸克（bottom quark）。夸克是現代物理所能推導出來極限小的物質，沒有人知道夸克是否可以再分割，以及是否有更加基本的物質存在於夸克裡面。如果物質是可以無限再分的，那麼世界上就不存在「基本粒子」一說，任何物質都可以無止盡地一分為二下去。

量子存在於微觀的世界。在舊量子力學時代，也就是普朗克剛剛提出量子這個概念的前十幾年裡，量子往往代表著一種物理量，這個時候，我們把量子理解為一份一份不連續的、不可分割的基本單元，這也是量子（quantum）這個詞的拉丁語本義，代表「物質的多少」。

特別要指出的是，這裡的量子並不是指某一種實際粒子。前面提到的實際粒子有原子、電子、質子等，而量子僅僅是個虛的概念，除非某些特定場合把它和具體的名詞結合起來，才會代表特定的某種例子；像是光量子，也就是光子，它指的是光的基本能量單元。

想像我們爬一座山，連續就像是走一個平緩的斜坡，每一步想走多寬都可以，半米也行、一米也行；而不連續則類似上臺階，我們的每一步都只能踩上臺階的整數倍，一級臺階或者兩級臺階，但不能只上半層臺階。這裡的每一級臺階就是不可分割的基本單元。

自普朗克之後，很多物理大師開始不斷完善量子理論。在二十世紀上半葉那個物理學蓬勃發展的年代，經過愛因斯坦、薛丁格、狄拉克、海森堡等人的研究，一套量子理論逐漸建立起來，量子力學遂邁入了新時代，

在新量子力學時代，量子一詞更接近於一種性質，比如不確定性、波動性、疊加態等種種包含量子效應的性質，也可以直接理解為「波粒二象性」，而這也是量子世界的根本特性。所謂「波粒二象性」（wave–particle duality），是 1924 年底德布羅意（Louis de Broglie）在愛因斯坦「光量子」假說的基礎上提出的「物質波」假說。德布羅意認為，既然波的光可以是粒子，那麼粒子也可以是波，例如電子就可以是波。因此，和光一樣，一切物質都具有波粒二象性。

與牛頓力學描述宏觀世界不同，量子理論被用來描述微觀粒子，自此，人類才開始充分認識所處的世界。

1.4.2　量子世界的力學

當然，量子世界除了有量子，還有力學。

力學其實就是研究物質機械運動規律的科學，而古典力學是研究宏觀物體進行低速機械運動的現象和規律的學科。宏觀是相對於原子等微觀粒子而言，低速則是相對於光速而言，而物體的空間位置隨時間變化便稱為機械運動。人們日常生活直接接觸到並首先加以研究的，都是宏觀低速的機械運動。

自遠古以來，由於農業生產需要確定季節，所以人們進行了天文觀察。十六世紀後期，伽利略的望遠鏡讓人們可以對行星繞太陽的運動進行詳細、精密的觀察。十七世紀，克卜勒從這些觀察結果中總結出了行星繞日運動的三條經驗規律。差不多在同一時期，伽利略進行了落體和拋物體的實驗研究，從而提出關於機械運動現象的初步理論。牛頓深入研究了這些經驗規律和初步的現象性理論，發現了宏觀低速機械運動的基本規律，為古典力學奠定了基礎。

　　不同於古典力學，量子世界的力學主要是表示物體的某種運動，而不一定是某個實實在在的力。雖然也會涉及強力、弱力、電子力，但是稱其為量子力學，以便與古典力學中那些傳統的運動方式有所區別，而且能夠稱為力學的學科，一般都是有嚴格的數學方程式，以及非常精確的研究內容。

　　量子力學雖然是一門神祕又深奧的科學，但也是實打實基於客觀現象發展起來的一套理論，而且實驗的精確度和理論預測的準確度都非常高，甚至可以說是目前所有科學理論中最準確的。

　　就拿費曼（Richard P. Feynman）曾經舉過的一個例子來看，對於電子的反常磁矩，根據量子電動力學純理論計算的結果和真實實驗測量的結果，其誤差程度相當於，從美國東岸的紐約到西岸的洛杉磯之間僅僅差了一根髮絲，足以想見量子力學是一套多麼精確的理論。況且一個多世紀以來的諾貝爾物理學獎，包括今年的諾貝爾物理學獎，有一大半都頒給了量子力學相關的研究，所以有人說，量子力學是目前人類智力征程中的最高成就。

　　到這裡，我們也就能對量子力學形成一個初步印象了。量子力學既神祕又顛覆，既科學又精確，雖矛盾但依然遵循著一定的邏輯；或許，這些難以解釋的弔詭也是量子力學吸引這麼多物理學家為其前赴後繼的魅力所在。

量子（quantum）這個詞的拉丁語本意，代表「物質的多少」。

探索篇　｜　問路量子力學

2
CHAPTER

從迷途到新生

「如果誰不對量子力學感到困惑，他就沒有理解它。」

——丹麥物理學家，尼爾斯波耳

2.1　初涉原子世界

　　普朗克提出的量子假說成功地將人類帶入了量子世界，但是，正如量子物理的奠基人尼爾斯波耳（Niels Bohr）所說：「如果誰不對量子力學感到困惑，他就沒有理解它。」對於當時的物理學家來說，量子世界依然神祕而陌生，而在量子力學剛剛起步的前十年，量子力學也經歷了自己迷途的十年，如何站在微觀角度理解微觀粒子，就是量子力學起步的第一站。

2.1.1　拉塞福：從粉碎馬鈴薯到粉碎原子

　　現在我們已經知道，所有物質都是由分子和原子組成的，分子是由兩三個或很多個原子結合而成，而物質特性的奧祕，就在於分子、原子的內部。原子半徑通常是一億分之幾釐米的量級，只有在光學顯微鏡下才能看到的細胞也比它們大了至少一萬倍。然而，唯有研究分子、原子的內部結構，我們才能進入微觀世界，而帶領我們進入微觀世界的一個重要人物，就是拉塞福。

　　拉塞福，紐西蘭人。當年，在劍橋大學的錄取通知書遞給拉塞福時，他還在田裡挖馬鈴薯。而正是這個挖馬鈴薯的年輕人，後來發現了微觀世界原子的大祕密。

　　拉塞福主要研究的方向，是在貝克勒（Henri Becquerel）的放射物質研究基礎上，繼續對放射性進行深入的探索。1896 年 3 月，貝克勒發現，與雙氧鈾硫酸鉀鹽放在一起但包在黑紙中的感光底板被感光了；貝克勒推測，這可能是因為鈾鹽發出了某種未知的輻射。同年 5 月，他又發現純鈾金屬板也能產生這種輻射，從而確認了天然放射性的存在。但這還只是發現，貝克勒自己都不知道放射出來的射線到底是什麼。

　　在這個基礎上，透過磁場，拉塞福發現天然放射物放射出來的射線分為兩束，一束向上偏轉，一束向下偏轉，說明這兩束的電性不一樣：一束帶正電，一束帶負電；正電的叫 α 粒子，負電的叫 β 粒子。拉塞福也因為這個發現，獲得了 1908 年的諾貝爾物理學獎。而拉塞福真正厲害的工作是發現了原子核（atomic nucleus）和質子（proton）的存在。而關於原子核的發現，他被後人稱為**「核子物理之父」**（**father of nuclear physics**）。用拉塞福自己的話說就是：「我年輕時粉碎馬鈴薯，年長了粉碎原子」。

　　具體的過程還要回到拉塞福把 α 粒子分離出之後——1909 年，拉塞福做了他一生中最重要的實驗。在這個實驗裡，拉塞福決定用 α 粒子流去轟擊金箔，結果大部分的 α 粒子都穿越而過，連一個小小的偏轉都看不到；但也有極少數的粒子被彈了回來。

　　根據拉塞福的老師湯普森（Joseph John Thomson）的原子模型，原子的正電荷均勻分布在原子裡面，而電子的質量又遠遠小於 α 粒子，所以帶正電的 α 粒子可以毫無阻礙地穿過原子，最多發生一些小角度散射。那麼，拉塞福實驗中 α 粒子撞擊金箔發生的大角度散射又是怎麼一回事呢？根據這個實驗結果，經過深入分析與思考，拉塞福最終大膽地推翻了他的老師湯普森的原子模型，建立了自己的原子模型。

　　拉塞福認為，大部分 α 粒子直穿而過，是因為原子內部存在巨大的空間；極少數粒子被彈了回來，是因為原子內部有一個很小的硬核。於是他設想了一個模型：一個非常小、帶正電的原子核，周圍有很多帶負電的電子。負電子並不是附著在原子核上，而是沿著固定的軌道繞著原子核做圓周運動，這就是**拉塞福原子模型**，這個模型跟地球繞著太陽轉很像，所以又叫做行星模型。

　　根據拉塞福的原子模型，大部分 α 粒子會從原子內部巨大的空間中穿越而過，即使撞到電子，由於 α 粒子比電子質量大七千多倍，結果也是電

子被撞飛，而 α 粒子的軌跡不受影響。但是，當 α 粒子非常接近原子核時，便會被彈回去，因為兩個帶正電的粒子之間會形成很強的排斥力，而且原子核比 α 粒子質量大很多。

拉塞福讓人類認識了一個全新的微觀世界，在拉塞福的原子模型下進一步探究，我們才能窺見與宏觀世界全然不同的微觀世界。在原子的微觀世界裡，原子是由原子核及周邊的電子所組成，原子核的半徑只有原子的十萬分之一；也就是說，把原子放大到一個住宅社區的大小，原子核還不及一顆葡萄大。可以想像，原子內部是有多麼的空曠。

換句話說，微觀世界幾乎完全是空的，反之，在我們的感官世界裡，我們可以實實在在地觸摸每一個物體，物體都有確定的表面、尺寸和位置；但從原子的角度上看，一切都是模糊的，我們所看到的物體形狀和顏色，都是物體原子對不同頻率的光子選擇性反射的結果。

2.1.2　波耳：挽救不穩定的原子核

拉塞福雖然提出了全新的原子模型，但該原子模型仍存在理論的局限——沒有明確指出電子是如何分布在原子裡的。根據拉塞福的原子模型，一個在做圓周運動的電子，能產生一個交變的電磁場，這個電磁場又會讓它不停地發射電磁波，電磁波是能量，所以這個電磁波會不停損耗能量；隨著能量的損耗，電子會愈來愈靠近原子核，最終撞向原子核。因此，根據拉塞福模型，原子不可能穩定。

面對拉塞福未能回應的問題，量子力學發展史上的另一個重量級人物出場了，這個人就是波耳。

　　1885 年，波耳在丹麥的哥本哈根出生，從小成績就特別好，尤其在理科方面。1911 年，波耳 26 歲，剛剛讀完博士，憑藉優異的成績和學術經歷，去了拉塞福所在的劍橋大學實驗室。

　　就在這一年，拉塞福推出了自己的拉塞福模型，一時間聲名大噪。拉塞福在劍橋大學做報告，波耳聽了之後，找到了拉塞福，透露想從他那裡學習知識，並得到了同意。於是，拉塞福帶著波耳去了曼徹斯特大學做教授，去的第一個課題就是研究原子內核怎麼樣才能穩定。按照當時的古典電磁學理論，電子如果不停地繞核運動，就會不停地產生電磁波向外發射能量，所以原子最後都會塌縮，不可能穩定，可是現在並沒有看見原子塌縮；拉塞福把這個問題交給了波耳。

　　26 歲的波耳首先想到，拉塞福模型可能本身就有問題。他以前聽過普朗克和愛因斯坦的那一套量子化假說，於是，波耳就套用了能量不能延續的方式，假設電子的軌道不是一個，它有很多條軌道，這些軌道也不是連續的，波耳稱它們為分立軌道，而電子只能在這些分立軌道上運動。簡單理解，就像樓梯一樣，一個人只能站在臺階上，不可能站到兩個臺階中間，因為軌道已經被量子化了；如果一個電子從一個軌道到另一個軌道，只能夠閃現過去，也就是**躍遷**。

　　在波耳的設想下，電子的軌道周轉就這樣被量子化了。所謂量子化，其實就是不連續，即有段距離不是直接移動過去，而是像遊戲裡一樣閃現到目的地。電子軌道的量子化讓很多物理量也隨之量子化了，比如半徑，因為軌道只能取特定值，軌道的半徑也是特定值；再比如能量，每一個軌道上的能量都是固定的，所以能量也是不連續的，不同軌道的能量取值都是特定值，中間沒有平緩過渡地帶。

　　雖然波耳的設想看起來實在有些大膽和激進，卻成功解決了原子穩定性的問題。正如前面所說的，電子如果繞核運動就會發射電磁波，所以才不穩定，但是按照波耳的說法，電子只要在分立的軌道上運行，就不發射電磁波了，只有在躍遷的時候才有可能發射或吸收電磁波。

　　波耳還認為，宏觀和微觀只是人為的規定，並沒有一個明顯的分界線。因為軌道的量子化應該有個平緩的過渡，當它逐漸向外延伸，就變成宏觀問題了，也就是這些軌道連續，它就失去了量子效應；這套原理波耳後來稱之為**互補原理（complementarity principle）**。

　　緊接著，波耳開始嘗試把他的想法變為公式，開始推每一個軌道的能階公式，也就是說電子在這個軌道上可以有多少能量。波耳花了四個月時間，驗算出一套完整的公式，遺憾的是，當他拿給拉塞福看時，拉塞福並沒有認同他的理論。

　　這也不難理解，拉塞福本來是讓波耳研究原子怎樣才能穩定，波耳卻自己弄出一套新的原子模型，對原子穩定性的解釋看起來還這麼牽強，於是，拉塞福拒絕發表波耳的研究成果。由於當時發表論文必須得到指導老師的簽字首肯，所以波耳也就沒有成功發表。後來，波耳因為家裡的因素回到自己的家鄉結婚。

　　正當波耳在家鄉享受家庭溫暖的時候，他見到了他的大學同學漢斯——研究光譜的。在聊天中，漢斯瞭解到波耳在研究原子穩定性問題時遇到了一些麻煩，於是，他便向波耳介紹了巴爾末公式[3]，儘管巴爾末公式只是研究原子的最基礎公式，卻成功啟發了波耳——因為波耳的能階公式跟巴爾末公式很像。

---

❸　編註：由瑞士數學家約翰巴耳末（Johann Jakob Balmer）所提出，用來表示氫原子譜線的公式。

於是，波耳隨即給拉塞福寫信。這一次，拉塞福終於明白了其中的原理，很快就簽字將波耳的論文發表在英國最權威的雜誌上，這篇論文也毫不意外地成為了劃時代的論文。

波耳的論文總結了前人的工作，認為原子中的電子所吸收和釋放的能量都是以不連續能量子的狀態存在。與此相對應，電子在原子中所處可能的勢能位置也必須是離散的，這些位置稱為**能階（energy level）**，電子在能階之間的移動稱為**躍遷（transition）**。由於電子不能出現在這些能階之外的任何位置，所以它們不會落在原子核上而導致災難性的湮滅。波耳的理論成功地挽救了原子的有核模型，並將離散化的思想貫徹到亞原子領域；這是人類第一次解釋了光譜問題，波耳也因此成為了能夠與愛因斯坦齊名、二十世紀最偉大的物理學家之一。

2.1.3　舊量子理論的迷途

從普朗克的黑體輻射公式，到愛因斯坦研究光電效應時提出的光子假說，再到波耳在分析原子光譜規律的基礎上提出氫原子的量子理論，量子科學不斷地得到發展更新。在波耳提出氫原子的量子理論後，索末菲（Arnold Sommerfeld）很快就推廣了波耳的理論，他認為任何物理體系都可能處於分立的「穩態」，並且給出了更一般的「量子化」規則。

利用這個推廣的理論，索末菲發現原子中的電子應該具有三個量子數而不是波耳理論中的一個，並且他的量子理論可以解釋更多和原子相關的現象，例如塞曼分裂、史塔克效應等。其中，塞曼效應和史塔克效應是兩個互為對照的效應，一個是外磁場引起的原子（或分子）譜線的分裂，一個是外電場引起的原子譜線的分裂。

　　不過，不管是普朗克的黑體輻射公式，還是愛因斯坦的光電效應，又或者是波耳的原子模型，這些理論都還是早期的量子理論或舊量子論。究其原因，這些理論雖然打開了量子世界的大門，但只是古典理論與量子化條件的混合物，要真正解釋微觀粒子運動還存在一定的困難。

　　實際上，在這二十多年時間裡，物理學家取得的進展非常有限，所有的討論幾乎都是圍繞能量的「量子性」展開：輻射的能量是一份一份的；電子只能處於一些分立的能階。唯獨愛因斯坦的光粒子說——現在人們熟知的波粒二象性的起點——是個例外，但在當時，沒有人繼續發展和推廣這個思想。

　　回頭看，這段時期的量子理論充滿了局限性，到處是缺陷和漏洞：普朗克黑體輻射公式的推導是錯的；愛因斯坦固體比熱理論是透過模擬得到的；波耳幾乎是用一種拼湊的方式得到了氫原子的能階。

　　正如普朗克所說「量子化只不過是一個走投無路的做法」，波耳也清楚知道自己理論的不足。他的理論描述得最好的原子是氫原子，但即使對於氫原子，波耳的理論也只能預言譜線的頻率，無法描述譜線的強度，亦不能預測氫原子中釋放出來的光子偏振。

　　為了使自己的理論更加完善，波耳提出了一個半直覺的對應原則（correspondence principle）：電子在能階間的躍遷機率可以用經典的馬克士威方程式（Maxwell's equations）描述。結合愛因斯坦的自發輻射（spontaneous emission）和受激輻射（stimulated emission）理論，波耳成功地得到了能階間躍遷的選擇定則。荷蘭物理學家克雷默斯（Hendrik Anthony "Hans" Kramers, 1894-1952）利用這個對應原則得到了所有氫原子光譜線的強度和偏振，和實驗結果完全吻合。

但是很快地，人們就發現波耳 - 索末菲理論有很多缺陷，無法解釋很多實驗現象；可以說，波耳 - 索末菲理論的每一個成功，就對應著一個失敗。波耳 - 索末菲理論不能描述任何具有兩個或兩個以上電子的原子或分子，例如，它無法給出氦原子的譜線，不能描述分子間的共價鍵。

面對紛至沓來的問題，科學家們終於認識到，這種剛剛誕生的新理論必須做出根本的變革，甚至要改變基本假設，於是，關於量子力學理論的一場革新開始醞釀而生。

2.2 量子力學除舊迎新

舊量子力學時期，波耳邁出了決定性的一步，他提出了一個激進的假設：原子中的電子只能處於包含基態（ground state）在內的定態（stationary state）上，電子在兩個定態之間躍遷而改變它的能量，同時輻射出一定波長的光，光的波長取決於定態之間的能量差。結合已知的定律和這種離奇的假設，波耳掃清了原子穩定性的問題。

雖然波耳為氫原子光譜提供了定量的描述，但這個理論卻充滿了矛盾，這使得當時的物理學家在發展波耳量子論的嘗試中，遭受了一次又一次的失敗，直到波粒二象性的提出，才徹底解開了舊量子力學時期物理學家們的困惑，並引領著新量子力學出現。**現在，波粒二象性被認為是量子世界的根本特性。**

2.2.1 波粒二象性：量子世界的根本特性

在傳統的物理學理論看來，波和粒子的屬性是無法相容的。波可以出現在整個空間之中，在某個點互相疊加和干涉，不同的波可以出現在同一個位

置，而粒子則意味著該物體存在於空間中某一個具體的位置，且會排斥其他粒子的存在。

這種矛盾的存在，曾經深深地誤導了物理學家們，他們純粹從粒子的角度研究微觀粒子，在完美解釋一些結果的同時，卻又面臨著被他人新發現推翻的窘迫困境。愛因斯坦首先打破了這個僵局，他在光電效應的解釋中，提出了光子的概念，大膽預測光同時具有波和粒子雙重性質。

後來，羅伯特密立根（Robert Andrews Millikan）的實驗讓愛因斯坦的光電效應得到證實。但是，馬克士威方程式組卻無法推導出愛因斯坦提出的非古典論述，在這種情況下，物理學者被迫承認，除了波動性質以外，光也具有粒子性質。從這個時間點開始，波與粒子不可相容的傳統觀念被打破了。

受愛因斯坦研究的啟發，法國物理學家德布羅意（Louis Victor de Broglie）產生了一個大膽的想法：既然人們在研究光的時候，只關注了波的屬性而忽略了粒子的屬性，那麼對微觀粒子的研究，是否也犯了類似的錯誤？人們是否因為忽略了粒子可能具有的波動性呢？

1924 年底，德布羅意在愛因斯坦「光量子」假說的基礎上，把光子動量與波長的性質做了拓展延伸，正式提出「**物質波**」假說。德布羅意認為，既然波的光可以是粒子，那麼粒子也可以是波，例如，電子就可以是波。因此，和光一樣，一切物質都具有波粒二象性。

所有的物質都具有「波粒二象性」，這個大膽的假設轟動了整個學術界。粒子與波是完全不同的兩種物質形態，按照古典物理的觀點，兩者根本不可能融合在一起。但愛因斯坦讚賞地認為：「一幅巨大帷幕的一角卷起來了。」德布羅意的假設讓所有的亞原子粒子，不僅可以部分以粒子的術語來描述，也可以部分用波的術語來描述。

德布羅意在他的博士論文裡圍繞這個觀點展開了大量的定量討論。首先，他認為如果一個粒子的動量是 p，那麼它的波長是 $\lambda = h/p$；其次，他認為既然電子是波，那麼電子圍繞質子就會形成駐波。依照這個思路，德布羅意重新推導出了波耳的氫原子軌道和能階，最後，他預言電子也會發生散射和干涉。果不其然，德布羅意的這個預言在電子的雙縫實驗中得到了證明。後來，其他微觀粒子的波粒二象性陸續被證明，德布羅意本人也因為這個天才的假說獲得了諾貝爾物理學獎。

2.2.2　薛丁格方程式：量子理論的關鍵一步

德布羅意的波粒二象性給了另一位大名鼎鼎的理論物理學家啟示，這位理論物理學家就是我們現在所熟知的薛丁格（Erwin Schrödinger）。

薛丁格出生於維也納，他的父親是一個手工業主，因此，薛丁格童年的生活非常舒適，並且在學校接受了良好的教育。在學校裡，薛丁格找到了自己的興趣，致力於證明古希臘哲學與歐洲科學起源之間的聯繫，充分展露出自己作為一名哲人科學家的潛質。薛丁格對於哲學的熱愛和迷戀，對他日後理解現代科學——特別是量子物理學，帶來了很大幫助。

在維也納大學裡，薛丁格一直醉心於自己的科學研究，雖然中間曾被兵役和戰爭打斷，但他始終不曾放棄自己對於科學的熱愛，並在這段時間發表了許多學術論文，開始在物理學界嶄露頭角。從維也納大學畢業後，薛丁格赴蘇黎世大學任教，終於結束了居無定所的生活，擺脫戰爭的陰影，並開始潛心研究。

1925 年，薛丁格受邀在一次研討會上講解關於波粒二象性的博士論文時，一位同行的提問讓他受到了啟發，當下，薛丁格就決定找到能夠正確描述氫原子束縛電子的波動方程式。

1926 年 1 月 27 日，學術期刊《物理年鑑》（Annalen der Physik）收到了薛丁格的論文稿，在論文裡，薛丁格提出了著名的**波動方程式（薛丁格方程式）和波函數**，並利用它們給出了氫原子的正確能階。

$$i\frac{\partial}{\partial t}\Psi = \hat{H}\Psi$$

薛丁格方程式

其中，Ψ 是波的形式。

薛丁格的物質波運動方程式，提供了系統和定量處理原子結構問題的理論，也解救了許多物理學家——每個微觀系統都有一個相應的薛丁格方程式，只要對這個方程式進行求解，就可以得到波函數的具體形式。除了物質的磁性及其相對論效應之外，薛丁格的方程式還能夠在原則上解釋所有原子現象，是原子物理學中應用最廣泛的公式。

值得一提的是，薛丁格方程式是非相對論的波動方程式，不涉及電子自旋的情況，所以，在研究涉及電子自旋以及相對論效應的微觀粒子時，就應該用相對論量子力學方程式代替它。

到了這裡，我們就可以過渡到量子力學的另一個基本假設，也就是量子態（quantum state）的演化假設，即微觀粒子的波函數隨時間變化的規律遵從薛丁格方程式。而**所謂的量子態，就是用來表述量子力學中粒子的運動狀態**，它本身可以用一組量子數進行表徵。**量子態的一個特性就是可以疊加，可以隨意組合**。例如，關在一個盒子中的粒子，可以在盒子的左邊，也可以在盒子的右邊，

因此，我們對於量子力學就可以有一個通俗的理解：波粒二象性和波動方程式告訴我們，量子的狀態可以用一個波函數去表述，量子態則提供這個波函數的求解想法。薛丁格方程式作為量子力學最基本的方程式，地位十分重要，甚至可以和牛頓方程式在古典力學中的位置相媲美。

不過，作為量子力學部分的一個假定，薛丁格需要透過實驗去檢驗它的正確性。實際上，薛丁格方程式的使用是有條件的，它需要指定初始條件和邊界條件，並且保證波函數滿足單值、有限、連續的條件，同時要不涉及到相對論效應和電子自旋。另外，薛丁格方程式可以解出類似於氫原子中的電子這種簡單系統，而複雜系統卻只能近似求解。

還有一點需要注意的就是，薛丁格方程式的解有主量子數、角量子數、磁量子數這三個量，可是若想要完整描述電子的狀態，必須要有主量子數、角量子數、磁量子數和自旋磁量子數這四個量子數。其中，自旋磁量子數雖然不能透過薛丁格方程式解出來，卻可以在實驗中得到。

薛丁格方程式雖然不能說是一個完美的方程式，卻還是解決了當時物理學家的難題，為量子力學的進一步研究奠定了基礎，薛丁格本人也因為他在這個方程式方面研究的成果而獲得了諾貝爾物理學獎。

2.2.3 電子雙縫干涉：尋找光的答案

雙縫實驗（double-slit experiment）可以說是物理史上的一個經典實驗，也被人們認為是最離奇的實驗之一。實際上，在波粒二象性還未提出之前，雙縫實驗就已經為了展示光子或者電子等微觀物質所能呈現的波動性和粒子性存在。簡單來說，透過雙縫實驗，我們能夠知道光究竟是以粒子還是波的形式存在。

　　從實驗操作上來看，雙縫實驗並不難。最初版的雙縫實驗是在 1807 年，由英國科學家楊格（Thomas Young）所發起的，因此，雙縫實驗也稱為「楊氏雙縫實驗」。在此之前，物理學界一直堅持著牛頓的看法，認為光是以「粒子」的形式存在，而楊格則堅持認為光實際上與聲音的傳播形式類似，這也代表，光在楊格眼中是有可能以「波」的形式存在的。於是，為了研究光究竟是以何種形式存在，楊格展開了著名的雙縫實驗。

　　最初，楊格準備了一根蠟燭、一塊留有兩條縫隙的遮擋板以及一面牆壁，便展開了這項實驗（如下圖所示）。在實驗過程中，楊格先是將蠟燭點燃，使得光源出現；緊接著，將蠟燭放置在遮擋板前，開始觀測遮擋板在牆壁上所呈現出的模樣。按照假設，如果光是粒子的話，便會直接穿過雙縫，在螢幕上顯現出兩塊明顯光斑；而如果光是波的話，那麼在傳播過程中便會如同「水波」般相互干涉，在螢幕上呈現出明暗相間的條紋。透過實驗，楊格發現在螢幕上出現了條紋，而這個條紋後來被人們稱為「干涉條紋」。干涉條紋的出現，證明了光是以「波」的形式存在的。

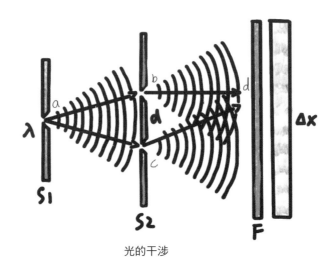

光的干涉

　　雖然十九世紀初，透過楊格的初代雙縫實驗，我們能夠知道光是以「波」的形式存在，但在當時，這項實驗結果卻沒有被物理學界認同，而我們今天之所以知道光是一種波，還是因為愛因斯坦提出的「光電效應」。

　　楊氏雙縫實驗雖然在當時並未獲得認同，但後來隨著愛因斯坦「光電效應」和德布羅意「波粒二象性」假設的提出，雙縫實驗再次獲得了關注——尤其是在不斷升級的爭議下，雙縫實驗也得到了不斷升級，愈來愈多的物理學家開始重新做起雙縫實驗，以尋找「光」的答案。

　　1909 年，英國物理學家泰勒爵士（Geoffrey Taylor）首次設計並完成了單光子的雙縫實驗，也就是說每次只發射一個光子。但是正如當時的用詞是「feeble light」，嚴格來說，這個實驗只能算是「弱光源」，而非嚴格意義上的單光子源。

　　不管是一束光還是單個光子，光具有波動性還不足為奇，人們更好奇的是德布羅意說的那種物質的波動性。而作為有質量的粒子，電子就是一個非常適合用來做實驗的「物質粒子」。1961 年，杜賓根大學的 Claus Jönsson 提出了一種單電子的雙縫實驗；1974 年，Pier Merli 等人用製備的單電子源，第一次完成了單電子的雙縫實驗。隨著一個個電子打在螢幕上，一幅具有干涉條紋特徵的圖像出現在人們面前。

　　這一切預示著：電子似乎真的同時通過了兩條狹縫，自己和自己發生了干涉。實驗結果證明電子確實是個波，德布羅意的物質波理論也是完全正確的。而微觀粒子波粒二象性的發現，也在日後推動了電子顯微鏡、電子繞射技術和中子繞射技術的發展，使人們有了更合適的工具去探測和分析物質的微觀結構與晶體結構。

2.2.4 難以解釋的電子雙縫實驗

可以說，電子的雙縫實驗完美演示了量子力學中的波粒二象性。當然，電子雙縫實驗令人詫異的不止於此，更大的發現還在後面。

首先，在古典力學，當一顆小球透過兩個狹縫時，狹縫後的接收屏上出現兩片痕跡，這很正常也很合邏輯；不過，如果兩片痕跡靠得很近，那麼真實的圖像看起來很可能是一大塊印記。但是同樣的場景如果縮小到量子尺度，把小球換成光子、電子這樣的微觀粒子，那麼實驗結果將截然不同，就如前面所說的──接收屏上出現了很規律的干涉條紋。

出現了干涉，說明存在兩個東西，但問題是粒子是一個個發射的──下一個粒子是在上一個粒子已經到達接收屏後才發出，所以干涉肯定不是不同粒子之間的行為。這就是實驗的第一個詭異之處：粒子似乎像是具有分身術一樣，同時穿過了兩條狹縫，自己和自己發生了干涉。

為了搞清楚這個粒子到底有沒有真的使用「分身術」，1965 年，美國科學家理查費曼（Richard Phillips Feynman）設計了這樣一個實驗，就是在雙縫旁邊安裝一個觀測儀器，來觀察一顆顆電子究竟是從左縫穿過還是從右縫穿過。後來的科學家對這個實驗進行了實際驗證，結果發現：如果觀察一顆顆電子的運動路徑，電子就會失去波特性，後面的螢幕上不再出現干涉條紋，只有代表粒子特性的兩條光斑。如果停止觀察，干涉條件再次出現。也就是說──你看它，它就是粒子；你不看它，它就是波。換言之，電子似乎能夠知道自己是否被觀察，而展示出不同的行為特徵。這，就是第二個詭異之處。

這種詭異的現象讓物理學家再次感到驚訝。為了進一步探究電子到底是如何判斷自己是否受到觀察，物理學家們升級了這個實驗。

1979 年，在紀念愛因斯坦誕辰 100 周年的研討會上，善於開腦洞的美國物理學家惠勒（John Wheeler），提出了著名的**「延遲選擇實驗」**（**Wheeler's delayed choice experiment**）構想：如果我們在粒子「同時」通過了兩條狹縫，甚至是打在了螢幕上之後，再透過某種特殊的方式獲知粒子究竟走了哪條縫，那麼螢幕上的干涉條紋還會存在嗎？

為了不讓粒子提前做決定，科學家們把探測器放在狹縫後面，先讓粒子通過狹縫，再去看它是從哪條狹縫過來的。實驗結果是，粒子的行為和之前一樣，仍然是開了探測器就走一條縫，不開就同時走兩條縫。

這是第三個詭異之處，也是物理學家們認為這一系列實驗最詭異的地方：**粒子不但知道自己此刻有沒有被觀察，還能「預測」自己未來是否會被觀察。或者可以說：它在知道自己被觀察後，竟然能夠改變自己過去的行為。**

作為歷史上最離奇的實驗之一，雙縫實驗大大顛覆了物理學家們對於物質存在的看法。後來，透過實驗，物理學家們才知道量子很有可能是存在著「疊加態」（superposition state）與「量子坍塌」（ collapse）現象的。**當一個光子從光源處發射後，它既可以是一種波，也可以是一種粒子，光既通過了左邊的縫隙，同時也通過了右邊的縫隙，這就是所謂的疊加態。**

2.3　宏觀世界的精度革命

不管是波粒二象性的發現，還是電子雙縫實驗，雖然看起來都玄妙無比，卻也給量子理論帶來了重要的應用啟示。基於波粒二象性誕生的一個重要應用就是量子測量。

2.3.1　從經典測量到量子測量

在古典力學的世界裡，也就是非量子物理學中，「測量」被定義為一種獲取一個物理系統中某些屬性相關資訊的行為，無論此系統是物質的還是非物質的。獲取的資訊包括速度、位置、能量、溫度、音量、方向等等。

這種對測量的定義，一方面會讓人認為一個物理系統自身所具有的每一個屬性都有一個確定的值，甚至是一個註定的值，在測量開始前就已確定。另一方面，這種如此直觀和自然的定義也會讓人們覺得所有屬性都是可以測量的，且獲得的資訊無一例外忠實地反映了被測量的屬性，不受測量工具和測量者的影響。

也就是說，在古典力學的世界裡，物體的狀態是可以被測量的，並且測量行為對被測物件的干擾可以忽略不計。然而，在持續了好幾個世紀以後，這種對於測量的認識卻因為二十世紀初量子力學以及相對論的誕生發生了徹底改變。

在量子層面，對一個物理量進行觀察或測量，得到的結果是隨機的，就像在電子雙縫實驗中一樣，粒子的路徑會在被觀察時突然改變。人們能夠得知且可以肯定的是，這些結果會出現的機率。這有點像搖彩券用的箱子裡所裝的小球，每一顆球被搖出來都是隨機的，且搖到每顆球的機率完全相同。

這些機率與研究物件波的一面直接相關。而所謂「波」，就是薛丁格在德布羅意的研究基礎上提出來的波 —— **任何物體（無論是物質的還是非物質的）都有與之相關的波。這是一種數學上的波，也叫波函數 —— 是描述量子態的函數。**如果我們要測量位置資訊，那麼在掌握了波在某一處的強度後，我們就能透過適當的測量得出物體在這一處出現的機率。

因此，一個物理系統的薛丁格波就可以看作一個量子態的特殊呈現。這種特殊呈現取決於系統中每個組成部分的位置（量子態的位置表徵）。

量子物理學認為，任何一個量子態都可以用某些特殊的狀態來表示，這些特殊狀態叫**本徵態（ eigenstate ）**，與所進行的測量操作直接相關。測量本徵態的定義也非常簡單：能得出確定的測量結果之所有狀態都是本徵態。

由於波函數的坍縮——即在測量之後，被測量的物理系統會瞬間坍縮至與測量結果相對應的本徵量子態，因此，經過測量之後，即可準確獲知系統的量子態。

不僅如此，從量子的角度來看，在量子計算、量子通訊等領域，量子系統的量子狀態極易受到外界環境的影響而發生改變，嚴重地制約著量子系統的穩定性和健壯性。量子測量正是利用量子體系的這個「缺點」，使量子體系與待測物理量相互作用，從而引發量子態的改變來對物理量進行測量。

基於此，透過對量子態進行操控和測量，對原子、離子、光子等微觀粒子的量子態進行製備、操控、測量和讀取，配合資料處理與轉換，人類在精密測量領域躍遷至一個全新的階段，實現對角速度、重力場、磁場、頻率等物理量的超高精度精密探測。

2.3.2　進擊的量子測量

量子測量，是利用量子特性獲得比古典測量系統更高效率的測量技術，它具備兩個基本的技術特徵：一是操控觀測物件是人造微觀粒子系統，二是系統與待測物理量之間的相互作用會導致量子態的變化。

從具體步驟來看，量子測量技術主要包括量子態初始化、與待測物理量相互作用、最終量子態的讀取、結果處理等關鍵步驟。而按照對量子特性的

應用方式不同，量子測量又可以分為三種技術類型：一是用量子**能階**測量物理量，主要特徵為具有分立能階結構；二是使用量子**相干性**或干涉演化進行物理量測量；三是使用量子**糾纏態**和**壓縮態**等獨特量子特性來進一步提高測量精度或靈敏度。

實際上，量子測量的三種技術類型也對應了三個演進階段。以通訊網路中廣泛應用的**原子鐘（atomic clock）**為例，從二十世紀五零年代就開始研究的原子鐘，採用原子在超精細能階間躍遷來進行時間標定，可為通訊系統提供高精度授時和網路時間同步。由於原子在室溫下熱運動劇烈，相干時間短，原子間的碰撞和都普勒效應（Doppler effect）會導致頻譜展寬，限制了時間測量的精度。因此，冷原子鐘開始運用雷射冷卻技術將原子團冷卻至絕對零度附近，抑制原子熱運動，利用泵浦雷射進行選態，提高相干時間，利用原子能階間的相干疊加可以進一步提升時間測量精度。

未來則可進一步研究利用糾纏建構量子時鐘網路，利用原子間的糾纏特性進一步降低不確定性，從而突破經典極限。從分立能階到相干疊加再到量子糾纏（quantum entanglement），測量精度不斷提升，代價則是系統複雜度、體積和成本的增加。

2.3.3　量子測量五大路線

目前，量子測量有五大主要技術路線，包括基於冷原子相干疊加、基於核磁共振或順磁共振、基於無自旋交換馳豫（SERF）、基於量子糾纏或壓縮特性、基於量子增強技術。透過對不同種類量子系統中獨特的量子特性進行控制與檢測，可以實現量子定位導航、量子重力測量、量子磁場測量、量子目標識別、量子時頻同步等領域的精密測量。

近年來，在五大技術路線的研發態勢方面，冷原子技術路線漸「熱」。其優勢在於降低了與速度相關的頻移，減速（或被囚禁）的原子可以長時間觀測，進一步提高了測量精度，有助於下一代定位導航授時技術的發展。

另外，原子自旋量子測量按照工作物質的不同，可以分為基於核自旋（核磁共振）、電子自旋（順磁共振）以及鹼金屬電子自旋與惰性氣體核自旋耦合（SERF）的量子測量系統，廣泛應用於陀螺儀、磁場測量領域。其測量精度較高，特別是基於 SERF 的量子測量具備很高的理論精度極限，是目前的另一個研究熱點。

在五大技術路線的實用化進展方面，利用量子糾纏的量子測量技術理論精度最高，可以突破古典物理的限制，但是其技術成熟度較低，受限於量子糾纏源製備、遠距離分發、量子中繼等技術，目前多為理論驗證或原理樣機開發，實用化前景尚不明確。基於冷原子的量子測量技術理論精度較高，但是由於雷射冷卻、磁光陷阱等系統的存在，體積較大、成本也較高。目前一些小型化冷原子測量樣機實驗研究，透過 MEMS 技術將電場、磁場和光場測量進行集成，可實現晶片級的原子囚禁、冷卻、導引、分束等操控，但是相干時間較短。

例如，美國 ColdQuanta 公司提供的商用化原子晶片產品；2019年中國華中科技大學報導了新型量子重力儀 MEMS 晶片，尺寸為 $25 \times 25 \times 0.4mm3$；2020 年英國伯明罕大學報導了用於產生冷原子的介電超表面光學晶片，尺寸為 $599.4 \times 599.4 \mu m^2$，並基於晶片獲得約 107 個冷原子，冷卻溫度需低至 $35 \mu K$，但應用條件較為苛刻，為多面向高端基礎科研等應用場景。

以 SERF 原理為基礎的量子測量技術精度較高，目前研究機構多聚焦在提升磁場和角速度測量精度，而企業則開始研發小型化 SERF 磁力計，探索心磁和腦磁測量等應用領域。根據核磁共振的測量雖然精度不如冷原子及

SERF，但是技術相對成熟，已有小型化和晶片化商用產品。根據量子增強的測量技術是經典測量與量子技術融合的產物，採用量子技術提升經典測量的精度，技術相對成熟，廣泛應用於目標識別領域。

2.4　感測器的革命

俄國科學家門得列夫（Dmitri Mendeleyev）曾經說過：「沒有測量，就沒有科學。」

在測量的同時，現代工業和現代國防還對測量提出了更加「精密」的要求，畢竟，測量愈精密，帶來的資訊將愈精確。實際上，整個現代自然科學和物質文明就是伴隨著測量精度的不斷提升而發展的。以時間測量為例，從古代的日晷、水鐘，到近代的機械鐘，再進化為現代的石英鐘、原子鐘，時間測量的精度不斷提升，通訊、導航等技術才得以不斷發展。

在人類追求更高精度測量的同時，隨著量子技術的進步和二次量子革命的到來，利用量子精密測量技術實現的精密儀器，正在使物理量的測量達到前所未有的極限精度。

量子測量是指**透過操作微觀粒子——如光子、原子、離子等，分析待測物理量變化導致的量子態改變來實現的精密測量**。量子測量不僅使人類在測量精度上得以飛躍，更有望引領新一代感測器的變革。畢竟，量子精密測量還需要透過工具來實現，而量子測量的實用化產品就是量子感測器。

2.4.1　分秒的精進

對時間的認識與計量是一門古老的學科，所謂「四方上下曰宇，往古來今曰宙」就是古人樸素的時空統一觀念。以天文時作為依據的天文曆法一直

是文明的一個重要標記，在農耕文明時代，曆法的精度對社會生活有著重要影響。在現代工業時代，美國社會學家路易士芒福德（Lewis Mumford）則認為：「現代工業時代的關鍵機器，是時鐘，而不是蒸汽機。」

如果說時鐘是工業時代的關鍵機器，那麼在資訊時代，它仍然是關鍵機器，倘若沒有現代時鐘，定義資訊時代的機器——電腦，就無法存在。時鐘不僅可以同步人的行為，還可以確定電腦每秒鐘執行數十億次操作的速度。資訊時代下，人們對於時鐘的精確程度提出更高的要求，而量子測量正好滿足了這種精確時間測量的高標準。

具體來看，時鐘的準確性來自於其時間基準，擺鐘的時間基準是鐘擺。六百多年前，伽利略無意間發現，當教堂裡的吊燈隨風搖擺時，每次來回擺動的時間總是相近的；根據伽利略的見解，惠更斯（Christiaan Huygens）於 1657 年製造出第一個高品質擺鐘，他所設計的時鐘代表了計時技術的一大邁進。在此之前，即使是最好的時鐘每天平均偏差大概 15 分鐘；而惠更斯的時鐘，每天的平均誤差僅為 10 秒。

儘管在理想條件下，決定擺動時間的兩個因素是擺的長度和地球表面的重力加速度，但就算地球非常接近一個完美的球體，且由重力所產生的加速度在任何地方都幾近於恒定，將這些微小的差別疊加起來，也會影響擺鐘的精度。

於是，十九世紀中葉，人們在擺鐘裝置的基礎上逐漸發展出日益精密的機械鐘錶，其計時精度達到滿足人們日常計時需要的基本水準。而從二十世紀的三零年代開始，隨著晶體振盪器的發明，小型化、低能耗的石英晶體鐘錶代替了機械鐘，廣泛應用在電子計時器和其他各種計時領域，一直到現在，成為人們日常生活中所使用的主要計時裝置。

與擺鐘不同，石英鐘的時基是一塊小小的石英晶體。當電壓施加於石英晶體時，它會進行高頻率物理振動，振動的頻率取決於許多因素，包括晶體的類型和形狀；通常，石英電子錶的石英晶體以 32,768 赫茲的頻率振動。數位電路會對這些振動計數，記錄流逝的每一秒，但是，這對於高速發展的資訊時代依然是不敷使用。

現代電腦的計算速度快到了在幾千萬分之一秒、幾億分之一秒，甚至十幾億分之一秒內進行計算，因此需要一種更精確的國際標準時間。要知道，一秒鐘的誤差，可能讓使用六分儀導航的航海員產生 1/4 英里（400 公尺）的偏差；相差 1 秒，太空船飛行距離可以有 10 公尺的差距；而每一秒鐘，電腦可以進行高達 80 萬次的運算。

為了滿足資訊化對精確時間的需求，從二十世紀四零年代開始，時鐘製造轉向了以量子物理學和射電微波技術的原子鐘。原子鐘為世界上最準確的鐘——原子內部的電子在躍遷時會輻射出電磁波，而它的躍遷頻率是極其穩定的；原子鐘便是利用這種電磁波來控制電子振盪器，從而控制鐘的走時。

更具體說明，原子（例如銫）有一種共振頻率，也就是該頻率的電磁輻射將導致它「振動」——振動指的是「繞軌道運行」的電子躍遷到更高的能量級。用 9192631770 赫茲精確頻率的微波輻射刺激，銫 133 同位素會共振。可以說，這個輻射頻率就是原子鐘的時間基準，而銫原子充當的是校準器的角色，確保頻率正確。在這樣的背景下，1967 年第 13 屆國際計量大會重新定義時間的「秒」：「一秒為銫原子基態兩個超精細能階之間躍遷所對應輻射的 9 192 631 770 個週期持續的時間。」這是量子理論在測量問題上的第一個重大貢獻。

從此，時間的基本單位永久地脫離行星可觀察的動力學，進入了單個元素不可察覺行為的範疇。原子鐘的準確程度，對惠更斯來說幾乎是不可想像

的。惠更斯的擺鐘每天的誤差可能達到 10 秒，而一個原子鐘若從地球形成的 45 億年前開始計時，到今天的誤差大概也就不到 10 秒。

世界第一個原子鐘——氨鐘，是美國國家標準局於 1949 年製成的，它代表時間計量與導時進入了新紀元。隨後十幾年裡，原子鐘技術又有了很大的進展，先後製成了銣鐘、銫鐘、氫鐘等；到了 1992 年，原子鐘已在世界上普遍使用。

當前，我們熟悉的北斗衛星導航系統，就是應用原子鐘實現的精準導航。從 100 萬年誤差 1 秒，到 500 萬年誤差 1 秒，再到 37 億年誤差 1 秒，隨著量子精密測量技術的快速發展，根據量子精密測量的陀螺及慣性導航系統（inertial navigation system, INS）具有高精度、小體積、低成本等優勢，將為無縫定位導航領域提供顛覆性的新技術。在這場追求更高精度的科技競賽中，世界各國科學家研發的原子鐘還在不斷刷新著科學的極限。

2.4.2　消除誤差的導航

目前，以傳統機械和光學為基礎的慣性導航存在漂移誤差，為了滿足未來高精度、全地域完全自主可靠的導航需求，便開始對原子干涉技術的新型慣性器件進行開發和深入研究。

其中，原子干涉陀螺儀根據薩格奈克效應測量載體的旋轉角速度，是一種實現高精度角速率測量的新型慣性器件，慣性導航功能通常由它與原子加速度計結合實現；例如，透過加速度計（用於測量車輛的加速度）和陀螺儀（用於測量其旋轉）識別運動速度和方向，從而推斷出車輛的位置。

與傳統的慣性測量技術相比，新技術可能會減少長期誤差，並且在某些情況下最能夠減少對聲納或地理資訊及定位系統的需求。此外，慣性導航系

統具有自主性，不受時空和外部環境限制，在國家安全等領域具有重要的應用價值。

原子干涉加速度計的發展通常是伴隨冷原子干涉陀螺儀。理論上，量子加速度計的精準度比傳統慣性器件高幾個量級，例如，2018 年英國研製出一種名為量子定位系統（QPS）的量子加速度計；在潛艇行駛中，利用傳統的慣性導航系統一天偏移距離高達一公里左右，而 QPS 一天的偏移距離只有一公尺。

冷原子干涉加速度計與原子干涉重力儀原理相近，前者透過拉曼光的傳播方向定義慣性測量的方向，後者測量時原子做自由落體，拉曼光沿著重力方向傳播，所以冷原子干涉加速度計的效能與重力儀相當。透過拉曼向量的變換和原子干涉資訊的空間解算，可以實現多自由度冷原子干涉慣性測量單元。

2.4.3　量子重力儀

重力感測器透過測量地球表面不同位置的重力加速度、重力梯度，來描繪地球內部結構、地殼構造、探勘礦產資源以及輔助導航等。

如今，利用冷原子干涉的重力感測器已經相對成熟，在極度溫度下對其質量相互作用的力較為敏感，測量精度較高。其中，最具代表性的兩個量子重力感測器，當屬應用於地質勘探的原子干涉重力儀和重力梯度儀。

採原子干涉技術路線的量子重力儀是目前發展最為成熟的，它可以和重力梯度儀一同使用，進行地下結構探測、車輛檢查、隧道檢測、地球科學研究等，可望降低土木工程和地質調查的成本，並且能夠作為基礎物理應用檢測的可能替代方法。美國、法國等少數幾個國家已解決了冷原子干涉系統的長期穩定性和集成問題，正著力於攻克高動態範圍和微小型化等應用難題，

產品已經進入實用化階段。中國的華中科技大學於 2021 年將研製的實用化高精度銣原子絕對重力儀交付中國地震局地震研究所，是首部為行業部門研製的量子重力儀，意味著中國量子重力儀研究也進入了國際第一梯隊。

依據原子干涉儀開發的重力梯度儀具有很高的理論測量靈敏度，並可實現低漂移和自校準；此外，其全常溫固態器件具備工程化的優勢，因而受到廣泛關注。其組成通常包括兩個分開一定距離、同時運行的原子干涉儀，透過比較兩個原子干涉儀對重力梯度進行測量；同時差分測量重力梯度具有抑制共模雜訊（例如地面振動雜訊和拉曼光相位雜訊）的優點。重力梯度儀在資源勘探、地球物理學、慣性導航及基礎物理研究等領域皆具有十分重要的功能。

2.4.4　量子雷達，探測成像

隨著量子資訊技術的發展，量子成像（quantum imaging, QI）以其探測靈敏度、成像解析度可以突破傳統相機的古典極限限制，加上非局域成像、單圖元成像、無透鏡成像等優點，在高解析度成像、非相干成像、惡劣條件下成像等方面具有廣泛的應用前景，因此引起了科學家們高度關注，目前正朝著實用化的方向邁進。

量子成像利用光子相關性，抑制雜訊並提高想像物體的解析度，目前技術路徑有 SPAD（single photon avalanche detector）陣列、量子幽靈成像（也稱重合成像或雙光子成像）、亞散粒雜訊成像、量子照明等。量子成像應用場景為 3D 量子相機、角落後相機（behind-the-corner camera）、低亮度成像和量子雷達或雷射雷達（或稱光達）等。

以量子雷達為例，量子雷達作為一種新型感測器有望探測隱形平台，它可以豐富目標資訊的維度、消除背景雜音，從而識別包括飛機、導彈、水面艦艇等隱藏式目標。

　　隱形科技系統對軍方尤為重要，是軍方提升攻擊和防禦能力的重要技術輔助，因此，量子雷達特別受到美國、俄羅斯和中國軍方的重視。量子雷達的研究仍處於初期萌芽階段，存在一定局限性，例如探測範圍不及傳統雷達，目前尚無作戰價值，使得量子雷達工程化開發仍然存在著巨大挑戰。

　　量子雷達根據發射端和接收端工作模式的不同分為三類：一是量子發射、經典接收，如單光子雷達；二是經典發射、量子接收，如量子雷射雷達；三是量子發射、量子接收，如干涉量子雷達和量子照明雷達。

　　量子雷達的研究主要圍繞量子糾纏干涉、量子照明和量子相干態接收三方面，研究的典型代表是 2007 年美國國防部高級研究計畫局啟動的量子感測器專案和量子雷射雷達專案。2018 年，在中國國際航空航天博覽會上，中國電科展示了一種量子雷達系統；2020 年，由奧地利科學技術研究所、美國麻省理工學院、英國約克大學和義大利卡梅里諾大學人員組成的研究組展示了一種利用糾纏微波光子的量子照明探測技術，依據該技術的量子雷達受背景雜訊影響小、功耗低，探測遠距離目標不會曝露，因而該技術在超低功耗生物醫學成像和安全掃描器方面具有潛在的應用前景。

2.4.5　磁測量的「量子化」

　　磁，是自然界中的一種基本物理屬性，小至微觀粒子、大至宇宙天體，都存在一定程度的磁性。從古代的指南針到近代的高斯計，再到數十年前的超導量子干涉儀，磁測量技術隨著科技進步不斷發展，磁測量工具應用在諸多領域，改變著人類社會生活。當前，利用量子力學原理，量子磁力計也獲得了巨大突破。

　　量子磁力計（quantum magnetometer）也稱量子磁強計，是依據近現代量子物理原理設計製造的磁測量儀器，其特點是操縱和控制單個量子（如

原子、離子、電子、光子、分子等），測量精度允許突破古典極限，達到海森堡極限（Heisenberg limit）。

巨觀物體的磁性源於微觀粒子的磁性，其中主要是來自其內部所包含的電子之磁性，透過物理學實驗，人們發現組成宏觀物體的許多基本物質粒子，例如電子、原子核以及原子自身，都與磁場存在著相互作用。

量子磁力計可望改善感測器的尺寸、重量、成本和靈敏度，其物理實現已在多個量子體系中獲得發展，例如核子旋進磁力計、超導量子干涉元件磁力計、原子磁力計、金剛石 NV 色心磁力計等。

≫ 核子旋進磁力計

在應用地球物理學中使用的核子旋進磁力計（nuclear-precession magnetometer）有三種：質子磁力計、歐佛豪瑟效應質子磁力計（overhauser effect proton magnetometer, OVM）和氦 3（3He）磁力計；前兩者利用氫原子核即質子的自旋磁矩在外磁場中的旋進來測量磁場，而 ^{3}He 磁力計則是利用 ^{3}He 的核磁矩在外磁場中的旋進來測量磁場。

≫ 超導量子干涉元件磁力計

超導量子干涉元件（SQUID）磁力計是一種磁通感測器，這種技術允許在宏觀尺度上製造一個量子系統，並透過微波訊號進行有效的控制。SQUID 是目前主要的磁力感測器之一，缺點是需要在低溫環境下運作。

SQUID 根據所使用的超導材料，可分為低溫超導 SQUID 和高溫超導 SQUID；根據超導環路中插入的約瑟芬結個數，分為直流超導量子干涉元件（DC-SQUID）和交流超導量子干涉元件（RF-SQUID）。DC-SQUID 由直流偏置製成雙結的形式；RF-SQUID 由射頻訊號作偏置，具體採用的是單結形式。DC-SQUID 可以用於測量微弱磁場，其靈敏度可達到 1fT/Hz$^{1/2}$。

≫ 原子磁力計

原子磁力計（atomic magnetometer）又稱全光學磁力儀（all optical atomic magnetometer），其包含了多種不同技術路徑。下文將介紹的主要技術路徑有根據光學 - 射頻雙共振現象的光泵磁力計（OPM）、測量低頻弱磁場的無自旋交換馳豫（SERF）、非線性磁光旋轉（NMOR）磁力計、相干布局囚禁磁力計（CPT）等。

≫ 金剛石氮空位中心磁力計

不同於利用原子蒸汽的鹼金屬原子磁力計，金剛石氮空位中心（diamond nitrogen-vacancy center）磁力計——又稱金剛石 NV 色心磁力計，是依據固體介質，具備極高的空間分辨能力而受到關注。金剛石 NV 色心磁力計原理是單電子自旋比特的相干操縱，金剛石晶體中的 NV 色心作為一個量子位元的電子自旋，與外部磁場耦合，無需低溫冷卻即可保證生物相容性和高靈敏度，廣泛應用在生物大分子和基礎物理等方面的研究中。該材料的生物訊號成像在理論上接近光學繞射極限，具有極佳的空間解析度。

目前，根據單 NV 色心的磁測量技術在靈敏度指標上已經實現了奈米尺度解析度以及可測得單核自旋的靈敏度。2015 年，中科大（中國科技大學）杜江峰團隊利用 NV 色心作為量子探針，在室溫大氣條件下獲得了世界上首張單蛋白質分子的磁共振譜。該研究不僅將磁共振技術的研究物件從數十億個分子推進到單個分子，「室溫大氣」此一寬鬆的實驗環境也為該技術未來在生命科學等領域的廣泛應用提供了必要條件，使得高解析度的奈米磁振造影及診斷成為可能。

與單 NV 色心的磁測量技術略有不同，根據系綜 NV 色心的磁測量技術通常是宏觀磁場導向的測量。在應用方面，根據系綜 NV 色心的磁力計已

測得了蠕蟲神經元產生的磁訊號、渦流成像、古地磁學中的礦石檢測等。中國在系綜 NV 色心磁測量領域的研究起步相對較晚：2016 年，中國有團隊發展該領域的研究，包括中國科技大學、北京航空航天大學等；2020 年，中國科大杜江峰團隊結合磁通聚集方法將系綜 NV 色心磁測量靈敏度提升至 $0.2pT/Hz^{1/2}$。

2.4.6　量子磁力計何用？

首先，量子磁力計在生物醫學的應用十分廣泛，包括神經康復監測、腦科學、腦認知、腦機介面[4]、心血管與腦部疾病精準診斷、細胞原位成像等前瞻應用。

目前，生物磁方面的應用主要為**腦磁圖（magneto-encephalography, MEG）與心磁圖（magneto-cardiography, MCG）**，因為心臟和腦部的神經傳導電流較大，其周圍的磁訊號也相對較強，這種非侵入性方法可以對患者的預後產生積極影響，能夠為臨床醫生提供評估神經系統疾病和手術治療所需的寶貴資訊。

腦磁場強度為心磁場強度的百分之一左右，有效探測難度更大並且容易受到低頻干擾。對腦部磁場的探測是對神經元活動放電產生磁場的直接探測，擁有毫秒級時間解析度，在腦疾病診斷如癲癇病灶定位、腦功能區定位、術前規劃上皆有廣泛的應用。心磁圖在未來的普及率可望增加。

---

❹ 編註：腦機介面（brain-computer interface, BCI）是在大腦與外部裝置建立直接通路，在兩者間傳遞訊號，自 1970 年代開始研究，由馬斯克創辦的 Neuralink 便致力於此技術發展，近期宣布將於半年內啟動人體實驗。

　　有關心磁圖的歐美臨床醫學研究顯示，傳統的心電圖檢查手段只能獲取心臟電生理訊號所攜載的 10% 病理資訊，而心磁圖則能補充獲取剩餘 90% 的心臟病理資訊。相較於心電圖來說，心磁圖能夠展示更多、更深的心臟病理資訊。

　　胎兒心磁圖（fMCG）是一種替代產前監測的新方法，記錄由胎兒心臟中傳導電流產生的磁場；與胎兒心電圖相比，其磁場的傳播相對不受周圍組織的干擾，這使得 fMCG 具有更高訊噪比（SNR）的優勢，並且可以在懷孕早期獲得。此外，訊號的高時間解析度使其比胎兒超音波能夠更精確地確定胎兒心率參數。

　　當前，醫院主要使用的 MEG 與 MCG 診斷方式是透過 SQUID 磁力計獲得磁場資料，設備占地面積大、裝置複雜、價格昂貴，又需液氦製冷、運作維護成本高，加上探頭距頭皮位置較遠帶來的測量精準度問題，大幅限制了其推廣應用；況且全球氦氣正面臨嚴重短缺、即將消耗殆盡，腦磁圖需要原子磁力計更新迭代以擺脫對氦氣製冷的依賴。而新一代的 SERF 磁力計能夠實現這個目標，其具有對低頻訊號敏感、可於室溫下運作、功耗低、小型化、可穿戴等多項優點，解析度也與 SQUID 接近甚至超越，適合大規模推廣應用。目前氦氣的短缺也推動了相關研究的發展。

　　未來，量子磁力計能實現對生物磁在腦認知、腦科學、腦機介面方面的進一步探索；此外，腦磁場成像也是為數不多可以實現高時間、空間解析度的非侵入功能性成像手段。MEG 是腦成像和人機介面的基礎，在短期內，腦磁圖可能會以頭盔的形式應用，以便在受傷的情況下進行持續和遠端的醫療監測與診斷；未來將有可能進一步完善人機介面，達成實用的非侵入性認知與機器和自主系統的通訊。

　　其次，在工業檢測方面，量子磁力計的應用主要為金屬探測、材料分析、非破壞檢測（無損檢驗）、電池缺陷檢測。

　　量子磁力計的主要特點為，能夠對物體或材料進行無創的磁性鑑別，從而控制材料的質量。這種檢測不會改變受測材料的性狀，尤其是金屬類的材料。當金屬材料內部存在缺陷時，在缺陷處，材料的電導率會發生變化；在施加交流電後，由於電磁感應原理，缺陷處會產生磁場梯度，透過測量磁場梯度可以確定缺陷部位與程度。

　　目前，已經發現了非破壞檢測在多個工業領域中的潛在應用，例如市場需要一種快速和敏感的電池缺陷識別診斷工具，協助固態電池技術以安全、高效的方式提供靈活的電能儲存。當前隨著新能源汽車普及率逐漸提高，廠商需要一種精準反應鋰電池內部結構缺陷的檢測方案，以維護人們的生命財產安全，這也是目前量子磁力計的主要研究發展方向。

　　該技術需要極高的靈敏度，目前，主要解決方案為根據 SQUID 的磁測量與原子磁力計，其中，原子磁力計的主要優勢是提供了一種低成本、便攜、靈活實施電池質量控制和表徵技術的可能性。使用原子磁學測量微型固態電池周圍的磁場，可以發現關於電池製造缺陷、電荷狀態和雜質的資訊，並提供關於電池老化過程的重要見解。

　　目前，英國工藝創新中心（CPI）已經開始將量子感測器應用於工業檢測的研究，該專案週期為 2020 年 8 月至 2023 年 8 月，獲 Innovate UK 注資 540 萬英鎊。量子感測器專案旨在開發一個能夠使用 OPM 對電池進行連續線上測試的中試系統，該系統將配備一系列 OPM 作為量子感測器，檢測合格鋰電池發出的小磁場，此系統可用於監控生產線上電池的品質，以便快速剔除故障電池並提供詳細的品質保證。該專案將涉及英國製造光學加工材料供應鏈的開發，包括蒸汽電池生產、雷射製造、光學封裝、磁遮罩、電子控制和資料處理系統。專案的最終目標是建立一套可在試驗生產線上實施的中試規模（pilot scale）電池測試系統。

其三，在物理科研方面，量子磁力計不僅能協助地球物理科學研究，還能進行地質勘探和衛星磁測等。

地球本身具有強大的磁場，會使許多岩石和礦物產生弱磁性或被感應磁化，並在地磁場中引起擾動，稱為「磁異常」；包括鐵或鋼的人造物體通常也會被高度磁化，並在局部引起高達數千奈特斯拉（nano-tesla, nT）的磁異常。透過精確捕捉磁場資訊的微弱變化，並利用地磁觀測資料得到地磁異常，量子磁力計具有精確測量各種地磁樣品的能力，可利用海洋、湖泊、黃土等不同類型的地磁樣品展開研究，在物理學基礎研究、環境、氣候變化、地球動力學過程、大地構造學和磁性地層學、深空深地磁場測量等方面都有著廣闊的科研和市場潛力，甚至還可應用於石油工業的鑽井定向、礦產資源勘查和地質災害預警。

與此同時，量子磁力計作為科學研究工具，是研究材料磁學性質的新利器，廣泛應用在磁疇成像、二維材料、拓撲磁結構、超導磁學、細胞成像等領域；例如，金剛石 NV 色心磁力計透過自旋進行量子操控與讀出，可實現磁學性質的定量無損成像，能研究單個細胞、蛋白質、DNA 或進行單分子識別、單原子核磁共振等。

在地質勘探方面，量子磁力計是地球物理勘探中最有效的方法之一，大量應用在地質勘探的各個階段：如尋找鐵礦和其他礦物（包括碳氫化合物）、地質填圖、構造研究等。高精度精密磁力測量在考古調查和工程測量中同樣發揮著重要的功能，有系統地將磁力計用於勘探目的，可以追溯到上個世紀初。在這些年的技術發展中，至少使用了四種類型的磁力計：最初，使用了光機平衡磁力計五十餘年，隨後研製出了磁通門、質子和光泵磁力計，目前，磁勘探主要採用核進動（質子）磁力計和光泵磁力計。針對各種測量條件，地面、井下、海上和空中作業用的專用磁力計被大量生產。

此外，量子磁力計也可應用於空間磁測探測，衛星上使用的磁力計要求功耗小、效能穩定、工作時間長，部分量子磁力計剛好符合這個特性。土星及其最大衛星 Titan 上的太空探測器卡西尼 - 惠更斯號（Cassini-Huygens）裝備有氦光泵磁力計，用於測量土星的磁場；阿根廷於 2000 年 11 月 18 日發射的磁測衛星 SAC-C，壽命四年，裝備有丹麥製造的磁通門磁力計 FGM 和美國製造的氦 4 光泵磁力計；丹麥的 Oersted 磁測衛星和德國的 CHAMP 重、磁兩用衛星，都採用 OVM 測地磁場的標量，由法國 LETI（資訊技術電子實驗室）設計製造；而歐洲太空總署（ESA）計畫發射的 AMPERE 衛星，也準備採用 OVM 測量地球磁場的標量。

最後，在軍事上，磁場的高精度測量是地磁導航與反潛的基礎，量子磁力計在軍事方面的應用主要包括了：軍備腦磁圖作戰頭盔、量子導航、反潛戰、水下目標識別、海底測繪等。

以反潛戰為例，量子磁力計可以探測、識別和分類目標潛艇，探測水雷，增強現有的水下探測能力。磁場測量能用於反潛的主要原因是潛艇中的磁性合金在環境中會產生磁異常；研究人員預估，SQUID 磁力計可以探測到六公里外的潛艇，而現有傳統的磁異常探測器通常安裝在直升機或飛機上，其探測範圍只有幾百公尺。目前，量子磁力計多用於水上機載反潛。

CTF 公司受加拿大國防部委託，開發了機載潛艇探測儀器。公開資料顯示，美國軍事研究人員需要使用技術來提高原子蒸氣在機載電子戰（EW）到海軍反潛戰（ASW）等應用中進行電場傳感的效能。美國國防部高級研究計畫局（DARPA）與 ColdQuanta 簽訂合約──用於新技術的原子蒸氣科學（SAVaNT）專案，該計畫為期四年，重點是在小型封裝中實現根據蒸汽的準直流場向量磁力測量；其中蒸汽磁力計是所有器件中標量磁場靈敏度最高的設備之一。

　　量子測量是傳感測量技術未來發展演進的必然趨勢，在時間基準、慣性測量、重力測量、磁場測量和目標識別等領域已經獲得了廣泛的認同，並在市場規模和產業前景上展現出極大的潛力。

2.5　量子測量長趨勢

2.5.1　將量子感測器推向市場

　　如今，感測器正在逐步「量子化」，將量子感測器盡快推向市場便成為量子測量的未來趨勢。當前，手機、汽車、飛機和太空飛行器的經典感測器主要依賴電、磁、壓阻或電容效應，雖然很精確，但理論上存在極限，而量子感測器有望朝更高靈敏度、準確率和穩定性等方面提升，不僅可以替代一部分傳統感測器市場，還能滿足新興特殊需求。傳統技術的感測器正在逐漸過渡到量子感測器，這是必然的發展趨勢。

　　目前，部分感測器已經實現「量子化」，例如，在時間測量方面，原子鐘已商業化，實現了時間感測器「量子化」；在重力測量方面，原子重力儀也已經商業化，實現了重力感測器「量子化」。此外，如「量子化」的磁力計，慣性感測器配置，包括陀螺儀、加速度計和慣性測量單元，這些量子感測器技術驗證皆已展開，部分產品甚至有原型，未來，將可以在沒有任何外部訊號的情況下進行精確導航；其中慣性感測器在軍事和商業應用中都將發揮重要作用。

　　整體來說，量子測量產品和技術主要的應用方向有：國防軍事，如精確制導、雷達等；航太探索，如計時、定位等；航空工業，如飛行器導航定位；還有計量測量、科學研究、生物檢測、醫學診斷、地球觀測、地質勘探、工程建設、農業種植等各種不同領域。

2022 年 3 月，英國皇家海軍首次於軍事演習中使用量子技術，在「威爾斯親王號」航空母艦上搭載由 Teledynee2v 公司開發的微型原子鐘系統——名為「MINAC」，它只有筆記型電腦大小；在全球定位系統出現故障時，能夠為船艦的複雜作戰系統提供時間同步。

在自動駕駛技術的發展上，汽車安裝量子感測器有助於準確測量汽車行駛過程中的旋轉、加速度、重力；同理，在輪船、火車、飛機上安裝相應的量子感測器，有助於提升自動駕駛功能，進而提高安全性。自動駕駛技術自然會成為未來的趨勢，但由於其推廣應用得依賴更為精準、小型化、輕量化、消費級的量子精密測量產品，而目前大部分的量子感測器體積較大，尚不能完全滿足移動使用需求。

在生命科學領域，隨著技術的發展，對微觀尺度的探索有了更高追求，進一步推動了更高級的顯微鏡技術發展。在疾病治療領域，腦部疾病和心臟疾病是常見但仍有待提升治療技術的領域，目前新一代腦磁圖和心磁圖在實驗演示方面已經驗證了其可行性，若能在小型化、可穿戴、較低成本等方面有所突破，此類技術將可望逐步商業化。

通訊發展方面，目前主流的通訊為 4G 和 5G，6G 技術已在發展中。隨著技術發展，對於通訊網路中的時鐘同步精度要求也跟著提高，而基地台數量多，對小型化、價格相對較低的精準計時設備有更大的需求，這樣才可以實際大範圍應用。

其中，GPS 和 MRI 的投資回報價值已相當明顯。當前有很多處於不同研發階段的量子感測器，多個國家均在統一協調，以縮短產品推向市場的進程，並加快技術轉讓，中國也不斷加強其在各領域的領導地位。在盡可能減少效能影響的前提下，小型化、緊湊化、降低成本是各大中上游供應商重點追求的目標。

　　冷原子技術、金剛石氮空位中心技術、OPM+MEG 則是近年來最有機會商業化的量子感測器底層技術，這些技術適用於不同的行業和應用場景，例如，SQUID 雖然有更高的靈敏度，但是需要低溫環境，導致使用成本較高、對應用環境要求也較高；OPM 技術、NV 色心技術雖然精準度不及 SQUID，但優點是可以在常溫環境下使用。

　　從全球範圍來看，目前量子時鐘源、量子磁力計、量子雷達、量子重力儀、量子陀螺、量子加速度計等領域均有樣機產品報導。根據 BCC Research 的統計分析，全球量子測量市場的收入由 2018 年的 1.4 億美元增長到 2019 年的 1.6 億美元，並預測未來五年年複合成長率將在 13% 左右。Research and Markets 表示，未來 6G 無線技術將推動在傳感、成像、定位的實質性進步，更高的頻率將達到更快的取樣速率以及更高的精度，直到釐米級。

　　根據 ICV 預測，2022 年全球量子精密測量市場規模約為 9.5 億美元，預計到 2029 年，市場規模將成長到 13.48 億美元，2022 ～ 2029 年複合成長率約為 5.1%。2022 年，量子時鐘市場占有率約為 4.4 億美元，占比最高（46.3%），複合成長率約為 4.9%（2022 ～ 2029）；其次為量子磁測量，市場占有率為 2.5 億美元，複合成長率約為 6.2%（2022 ～ 2029）；然後是量子科研和工業儀器，市場占有率約 2 億美元，複合成長率約為 4.4%（2022 ～ 2029）；最後是量子重力測量，市場占有率約為 0.6 億美元，複合成長率約 5.4%（2022 ～ 2029）。

　　目前，全球主要供應商集中在北美（主要是美國），占比約為 47%；其次是歐洲（主要是西歐國家和俄羅斯），占比約為 28%；然後是亞太地區（日本、韓國、中國、澳大利亞、新加坡），占比約 21%。美國和西歐國家是主要的技術輸出國，同時也是技術採購方；上述亞太國家則是主要的技術

採購方。由於量子精密測量領域的產品和技術大多是由經濟發達國家研發與採購，因此其餘國家和地區市場的占比相對較少。

2.5.2　標準化開始初步探索

在將量子感測器推向市場以前，量子測量需要先解決標準化的問題。目前，量子測量標準化研究主要集中在術語定義、應用模式、技術演進等早期預研階段，標準體系尚未建立，因此企業的參與度並不高。

要知道，量子測量存在眾多技術方向和應用領域的差異性，包括術語定義、指標體系、測試方法等，因此，量子測量還需要進行標準化的研究，以幫助應用開發、測試驗證和產業推動。

對於已經進入樣機或初步實用化的技術領域，展開總體技術要求、評價體系、測試方法和元件介面等方面的標準化研究工作有相當的必要性。目前，世界各國有多個標準化組織正在量子測量領域展開初步標準化研究與探索。

2018 年，IETF 啟動量子網路研究組，研究量子網路的應用案例。目前，在量子傳感應用方面，包括量子時鐘網路和糾纏量子傳感網路測量微波頻率兩個案例。

2019 年，ITU-T 成立了網路導向的量子資訊技術焦點組（FG-QIT4N），從術語定義、應用案例、網路影響、成熟度等維度對量子資訊技術進行研究，量子時頻同步方面提交文稿 12 篇，均被接受並納入研究報告。CCSA-ST7 在量子資訊處理工作組（WG2）立項研究課題《量子時間同步技術的演進及其在通訊網路中的應用研究》，展開量子時間同步技術研究。

2020 年，中國量子計算與測量標準化技術委員會（TC578）立項研究課題《超高靈敏原子慣性計量測試標準研究》，展開量子慣性測量測試方法研究。

對中國來說，在量子測量領域展開標準化研究，一是要對標準化體系建設進行布局，加快對整體技術要求、關鍵定義術語、指標評價體系、科學測試方法等方面的標準化工作；二是要發揮企業在標準制定中的推動作用，支援組建重點領域標準推進聯盟或焦點組，協同產品研發與標準制定；三是鼓勵和支持企業、科研院所、行業組織等參與國際標準化討論，提升研究機構和產業公司國際標準研究參與度。

總括來說，如今量子測量產業仍處於初步發展階段，需要多方助力與合作，來共同推動技術發展和產業推廣，以實現研究成果落地與產品化。

2.5.3　量子測量取得新進展

近年來，各國量子測量技術在高精度和工程化方面的研究獲得持續性突破，其中代表性成果包括：2019 年，美國 NIST 報導 Al+ 離子光鐘不確定性指標進入 10^{-19} 量級，進一步刷新世界紀錄；2019 年，中國科學技術大學報導實現金剛石 NV 色心 50 奈米空間解析度的高精度多功能量子探測；2019 年，美國加州大學報導完成了可移動式高靈敏度原子干涉重力儀和毫米級原子核磁共振陀螺儀晶片等。

在量子測量部分領域的高效能指標樣機研製方面，中國計量科學研究院研製並且正在優化的 NIM6 銫原子噴泉鐘指標，與世界各國先進技術水準基本上處於同一量級；中國科學技術大學在《科學》雜誌報導，利用金剛石 NV 色心所開發的蛋白質磁共振探針，首次實現單個蛋白質分子磁共振頻譜探測；2020 年，北京航空航天大學、華東師範大學和山西大學等聯合團隊

根據原子自旋 SERF 效應研製出的超高靈敏慣性測量平台和磁場測量平台，其靈敏度指標達到國際先進技術的水準。

在量子測量的資料後處理方面，引入人工智慧演算法進行處理的超能力提升，正成為一個新興研究方向。量子測量採用原子或者光子級別的載體作為測量「探針」，其訊號強度弱，易淹沒在雜訊當中，例如，在常規核磁共振系統中，相干時間、磁雜訊、控制器雜訊和擴散誘導雜訊等幾乎可以忽略不計，但對於金剛石 NV 色心奈米級核磁共振探針而言，雜訊影響明顯，且雜訊理論模式複雜，難以透過訊號處理補償或抑制，需要很複雜的雜訊遮罩裝置和精確的操控系統才能獲得理想的訊噪比。

再比如，以原子為基礎的相干測量系統，原子熱運動和相互碰撞導致能階譜線展寬，使得譜線測量精度下降，需要引入雷射冷卻和磁光陷阱等方式製備冷原子，降低雜訊影響，獲得高訊噪比；而引入複雜控制系統或遮罩裝置，則不利於測量系統小型化和實用化。

人工智慧演算法適合解決模型複雜、參數未知的數學問題，無需事先預知雜訊數學模型，可透過演算法迭代學習尋求答案或者近似答案。透過將量子測量與 AI 技術相結合，提升資料後處理能力，可有效降低雜訊抑制要求，簡化系統設計，提升實用化水準。

2019 年，英國布里斯托大學將機器學習演算法引入金剛石 NV 色心磁力計資料處理，無需低溫條件就能獲得相近的測量精度，提升單自旋量子位感測器實用性。同年，以色列耶路撒冷希伯來大學報導，透過深度學習演算法增強金剛石 NV 色心奈米核磁共振系統效能。2020 年，美國麻省理工學院報導，利用機器學習演算法提升了量子態讀取效能的通用化方法。

將量子測量技術與經典測量技術相結合，也可以改善量子測量系統的效能指標。利用冷原子的量子測量系統之優勢在於測量精度高，但是動態範圍

小，而傳統經典測量技術相較之下測量範圍比較大，二者相結合有益於取長補短。

2018 年，法國航空報導：透過將冷原子加速度計與強制平衡加速度計相結合，將測量範圍擴大了三個量級。中國清華大學報導：將經典白光干涉儀的研究思路與原子干涉陀螺儀相結合，大幅提升了角速度測量的動態範圍。目前，大部分根據糾纏的量子測量研究都著墨於將探針訊號與參考訊號糾纏在單個感測器上進行測量，但未來很多應用場景可能借助多個感測器來共同完成測量任務。

理論分析證明，將分散式量子感測器互連形成基於糾纏的量子感測器網路（QSN），可使測量精度突破標準量子極限（SQL）。目前，根據離散變數（DV）和連續變數（CV）糾纏的分散式量子傳感理論框架已被提出：DV-QSN 採用糾纏在一起的離散光子或者原子作為測量單元，典型應用為糾纏的量子時鐘網路，先將每個時鐘節點內的原子糾纏，再透過量子隱形傳態技術將所有時鐘節點之間的糾纏態傳遞，實現全域糾纏；進行 Ramsey 干涉可實現全域的頻率同步，採用 QKD、隨機相位調製、中心點輪換等方式抵禦各種安全攻擊，從而實現安全與高精度的同步時鐘網路。

CV-QSN 採用糾纏壓縮光訊號作為測量單元，一般適用於振幅、相位檢測或量子成像。2020 年，美國亞利桑那大學報導，採用 CV-QSN 進行壓縮真空態相位測量，測量變異數可以比 SQL 低 3.2dB；未來可望在超靈敏定位、導航和定時領域探索相關應用。

2.5.4　離實用尚有距離

在量子測量的很多領域，中國的技術研究和樣機研製，與國際先進水準仍有較大的差距。

　　歐美許多公司已推出根據冷原子所開發的重力儀、頻率基準（時鐘）、加速度計、陀螺儀等商用化產品，同時積極展開包括量子計算在內的新興領域研究和產品開發，產業化發展較為迅速。代表性量子傳感測量企業包括：

- **美國 AOSense 公司**：為創新型原子光學感測器製造商，專注於高精度導航、時間和頻率標準以及重力測量研究，主要產品包括商用緊湊型量子重力儀、冷原子頻率基準等，與美國太空總署（NASA）等機構展開研究合作。

- **美國 Quspin 公司**：2013 年研製小型化 SERF 原子磁力計，2019 年推出第二代產品，探頭體積達到 $5cm^3$，進一步向腦磁探測陣列系統發展。

- **美國 Geometrics 公司**：致力於地震儀和原子磁力計的研發，已推出多款陸基和機載地磁測量產品。

- **法國 Muquans 公司**：在量子慣性傳感、高效能時間和頻率應用以及先進雷射解決方案領域開發廣泛的產品線，主要產品包括絕對量子重力儀、冷原子頻率基準等，2020 年開始進行量子計算處理器研發。

- **英國 MSquaredLasers 公司**：開發用於重力、加速度和旋轉的慣性感測器以及量子定時裝置，主要產品有量子加速度計、量子重力儀和光晶格鐘等，還涉足中性原子和離子的量子電腦研發。

　　至於中國，量子測量應用與產業化尚處於起步階段，落後於歐美國家。在光鐘的前沿研究方面，樣機精度指標與國際先進技術水準相差兩個量級；核磁共振陀螺樣機在體積和精度方面都存在一定差距；量子目標識別研究和系統化集成仍有一段距離；微波波段量子探測技術研究與國際領先水準差距較大；量子重力儀方面效能指標則較為接近，但在工程化和小型化產品研製方面仍處於萌芽階段。

中國研發較為成熟的量子測量產品主要集中於量子時頻同步領域：成都天奧從事時間頻率產品、北斗衛星應用產品的研發，主要產品為原子鐘；此外，中國電科、航天科技、航天科工和中船重工集團下屬的一些研究機構正逐步在各自具優勢的領域展開量子測量研究。

近年來，中國境內的大學和研究機構對於科研成果的商業轉化支持力度逐步增大：源於中科大的國耀量子將量子增強技術應用於雷射雷達，為環境保護、數位氣象、航空安全、智慧城市等導向，生產 CP 值高的量子探測雷射雷達；國儀量子以量子精密測量為核心技術，提供以增強型量子感測器為代表的核心關鍵器件和用於分析測試的科學儀器裝備，主要產品包括電子順磁共振譜儀、量子態控制與讀出系統、量子鑽石原子力顯微鏡、量子鑽石單自旋譜儀等。

隨著量子測量技術的逐步演進，全球量子傳感測量企業不斷推出成熟的商業化產品。目前在防務裝備研製、能源地質勘測、基礎科研設備等領域的應用和市場比較明確，未來可能朝向生物醫療、航空航太、資訊通訊和智慧交通等更多的領域探索應用市場。

當然，量子態製備、保持、操控、讀取等關鍵技術和產品實用化研發等方面仍存在挑戰。近年來，量子測量領域的技術投資逐步增加，美國國防部高級研究計畫局（DARPA）為小企業創新研究和小企業技術轉讓設立專門專案資助，支援包括量子測量技術在內的多個技術領域。

此外，全球量子感測器市場和產業增長趨向由合作夥伴聯合推動，系統設備商正在與供應商、研究機構等建立合作夥伴關係，使市場參與者能夠利用彼此的技術專長聯合推動產品開發，如卡達環境與能源研究所和日本國際材料奈米建築中心合作開發多種奈米電子器件、量子感測器。

世界第一個原子鐘——氨鐘，是美國國家標準局於 1949 年製成的。

3
CHAPTER

量子的本質

「人們所做的一切，實際上只是計算條件機率——換句話說，在給定 B 的情況下，A 發生的機率。我認為這就是多世界的所有解釋。」

——英國物理學家，史蒂芬霍金

3.1 打破「醜小鴨定理」

1923 年，德布羅意在他的博士論文中提出，光的粒子行為與粒子的波動行為應該是對應存在的，波粒二象性假設自此誕生。德布羅意將粒子的波長和動量聯繫起來：動量愈大，波長愈短。在當時，這是一個引人入勝的想法，儘管沒有人知道粒子的波動性意味著什麼，也不知道它與原子結構有何聯繫，但這都不影響德布羅意的假設成為量子理論走向新階段的重要前奏，很多事情就此改變。

1924 年夏天，在德布羅意波粒二象性的基礎上，玻色（Satyendra N. Bose）提出了一種全新的方法來解釋黑體輻射定律，他把光看作一種無（靜）質量的粒子（現稱為光子）組成的氣體，這種氣體不遵循古典的波茲曼統計（**Maxwell–Boltzmann statistics**）規律——而是遵循一種建立在粒子之不可分性質（即全同性）上的新統計理論。就是這種粒子的全同性，讓量子理論進一步發展，成為新量子理論的重要組成之一。

3.1.1 一個沒錯的錯誤

「醜小鴨定理」說的是，兩隻天鵝之間的差別，和醜小鴨與天鵝之間的差別是一樣大的，世界上並沒有完全相同的兩個東西。但是在微觀世界裡，兩個電子卻是完全相同的，而首先提出這個概念的人，就是玻色。

相較於普朗克、愛因斯坦、薛丁格、德布羅意等人，玻色並不是那麼有名。玻色出生於印度加爾各答，父親是一名鐵路工程師，雖然他在大學時期得到幾位優秀教師的讚賞和指點，但還是只取得了一個數學碩士，且未繼續攻讀博士學位，就直接在加爾各答物理系擔任講師職務，後來又到達卡大學物理系任講師，並自學物理。

作為第三世界的物理學家，玻色固然受到很多先天條件限制，但對玻色子統計規律的研究依然讓他在量子理論的發展中佔據了一席重要之地，實際上，玻色子統計規律的研究也是玻色一生中唯一一項重要的成果。

有趣的是，玻色是因為一個「錯誤」而發現玻色子統計規律的。大約1922 年，玻色在課堂上提到光電效應和黑體輻射的紫外災難時，打算向學生展示理論預測的結果與實驗不符之處。於是，他運用古典統計來推導理論公式，但是，在推導過程中，他卻犯了一個類似「擲兩枚硬幣，得到兩次正面（即「正正」）機率為三分之一」的錯誤。沒想到的是，這個錯誤卻得出了與實驗相符合的結論，也就是不可區分的全同粒子所遵循的一種統計規律。

那時候，新量子論尚未誕生，已經使用了二十多年的舊量子論，不過是在古典物理的框架下做點量子化的修補工作，至於粒子的統計行為需要應用統計規律時，用的仍然是波茲曼的古典統計理論，當時物理學家還沒有所謂粒子「可區分或不可區分」的概念。每一個古典的粒子都是有軌道可以精確跟蹤的，這就意味著，所有古典粒子都可以互相區分。

我們回頭來看看波耳在機率問題中所犯的錯誤。一般來說，如果我們擲兩枚硬幣，鑒於每一枚硬幣都有不同的正反兩面，所以實驗可能的結果就有四種情況：正正、反反、正反、反正。如果我們假設每種情形發生的機率都一樣，那麼，得到每種情況的可能性皆是四分之一。

如果這兩枚硬幣變成了某種「不可區分」的兩個粒子 —— 所謂「不可區分」就是指這兩個東西完全一模一樣，所以才不可區分。既然不可區分，「正反」和「反正」就是一樣的，所以當觀察兩個這樣的粒子狀態時，所有可能的結果就只有「正正、反反、正反」三種情形。

這時，如果我們仍然假設三種可能性中每種情形發生的機率是一樣的，我們便會得出「每種情況的可能性都是三分之一」的結論。也就是說，多個「一模一樣、無法區分」的物體與多個「可以區分」的物體，兩者所遵循的統計規律是不一樣的。

這個意料之外的錯誤讓玻色意識到，這也許是一個「沒錯的錯誤」。基於此想法，玻色決定進一步研究機率 1/3 與機率 1/4 區別之本質。透過大量研究，玻色寫出了一篇《普朗克定律與光量子假說》的論文，文中，玻色首次提出古典的馬克士威 - 波茲曼統計規律不適用於微觀粒子的觀點，認為統計粒子需要一種全新的統計方法。

玻色的假設得到了愛因斯坦的支持，實際上，玻色的「錯誤」之所以能得出正確結果，是因為光子正是一種不可區分、後來統稱為「玻色子」的東西；對此，愛因斯坦心中早有一些模糊的想法，玻色的計算正好與這些想法不謀而合，於是愛因斯坦將這篇論文翻譯成德文，並發表在《德國物理學期刊》。玻色的發現讓愛因斯坦將其寫的一系列論文稱為「玻色統計」；也因為愛因斯坦的貢獻，如今，它被稱為**「玻色 - 愛因斯坦統計」**；之後又有了超低溫下得到「玻色 - 愛因斯坦凝聚」（Bose-Einstein condensate, BEC）的理論。

3.1.2　兩個完全相同的粒子

在我們對宏觀世界的認知裡，世界上不可能存在兩個完全相同的東西。即便是一對雙胞胎，假設他們的基因完全相同，但他們各自的人生經歷、記憶、吃的每頓飯都不可能是完全一樣的，因此，表現在身體和大腦的神經連接上，這兩個人也會存在差異。再舉個例子，同一個工廠、同一批生產出來的標準化產品——例如手機：一個生產線所製造出來的兩個手機是絕對相

同的嗎？肯定也不是。如果我們用放大鏡去檢視，總能找出零件上的不同磨痕、玻璃上的細微差異。

　　宏觀世界裡的任何兩個物品，哪怕它們看起來真的是完全一樣，也能找出不同點來。例如，這兩個東西不可能在同一時間佔據同一個位置，我們把它們橫排擺在前面，它們得是一個在左邊、一個在右邊，那麼就分成了左邊的物體和右邊的物體——這就是不一樣。

　　但玻色的假設打破了這個認知。實際上，玻色的「錯誤」能得出正確結果，正是因為光子是不可區分的。這種互相不可區分、一模一樣的粒子在量子力學中叫做「**全同粒子**」。所謂全同粒子，就是**質量、電荷、自旋等內在性質完全相同的粒子**，而這在宏觀世界則是不可能的事情，因為根據古典力學，即使兩個粒子全同，它們運動的軌道也不會相同。因此，我們可以追蹤它們不同的軌道，進而區分它們。但是，在符合量子力學規律的微觀世界裡，粒子遵循不確定性原理，沒有固定的軌道，因而無法將它們區分開來。

　　全同性原理有時候也叫合約粒子的不可分辨性。在普朗克看來，合約性的含義是雙重的，即可交換性和不可分辨性，粒子合約性這個概念和粒子態的量子化有本質的聯結；也是因為這個概念，古典粒子可以區分，而全同粒子卻不具備這樣的區分性。如果存在兩個鐵原子，製造的方法並不相同，但兩者若在正常的情況下都是出於基態的話，我們仍舊說它們是合約的；這樣的說法，古典理論顯然是很難接受的。因此，量子理論的很多理論，確實是打破了我們原有的一些常規認識。

　　全同性原理是量子力學的基礎公式之一，雖然無法進行證明，但是它的正確性已經在人們的探索實踐中得到了反覆的驗證，它與測量公式、波函數公式、運算元公式、微觀體系動力學演化公式一同構成了量子力學的數學體系。

3.1.3　自旋量子的背後

　　就在玻色提出量子全同性的同時，獨立於玻色和愛因斯坦的三個年輕物理學家也開始關注這個問題，他們是泡利（Wolfgang Ernst Pauli）、費米（Enrico Fermi）和狄拉克（Paul Dirac）。其中，泡利在 18 歲高中畢業後兩個月就發表了自己的第一篇論文，在論文裡他研究了廣義相對論；費米是少數幾個同時精通理論和實驗的物理學家；狄拉克則性格孤僻、沈默寡言、不善於和別人交流，但這完全不影響他的研究。在泡利、費米和狄拉克的研究之下，另一種全同粒子——「費米子」成功問世。

　　1922 年，波耳到德國哥廷根訪問時，舉行了一個系列講座，介紹自己如何用量子理論來解釋為什麼元素週期表是那樣排列的。波耳儘管取得了一些進展，但依然無法解決其中最大的困難——電子為什麼不聚集到最低的能階上？這個問題一直困擾著泡利。經過三年多的思考和研究，在他人結果的啟發下，泡利終於在 1925 年把這個問題想清楚了。

　　泡利認為，為了解釋元素週期表，必須進行兩種假設。第一個假設是，除了空間自由度外，電子還有一個奇怪的自由度。這個假設很快被證實，而這個奇怪的自由度就是自旋。想要理解自旋，首先我們要理解一個基本概念，就是電子的角動量（angular momentum）。什麼是角動量呢？最常見的一個比喻就是花式滑冰中的旋轉動作，運動員把自己抱得愈緊就會轉得愈快，它的物理原理就是角動量守恆定律。所以僅僅從理解概念的角度來說，我們可以粗糙地認為，角動量就是轉動掃過的圓面積和轉速的乘積，這是一個固定的值，面積變小了，速度就必然會加大。

　　按照古典物理法則，電子與原子構成的總角動量是守恆的，但是物理學家們在實驗中發現，在某些情況下，這個系統的角動量會丟失一部分，難道在微觀世界連角動量也不守恆了嗎？後來，物理學家們發現，守恆定律並沒有被打破。因為電子自身也有角動量，整個系統丟失的角動量其實都轉移到

了電子自己身上，總角動量依然是守恆的。因為角動量跟旋轉有關，所以物理學家就把電子的角動量稱為**自旋**。順帶一提，雖然叫自旋，但真實的電子並不是像陀螺一樣繞著一個軸旋轉。

電子的自旋態只有兩個自由度，那麼，要如何理解所謂電子自旋的自由度？打個比方，假如我們把旋轉的滑冰者比喻成一個電子，那麼無論我們朝哪個方向去觀察滑冰的人，都只能看到兩種結果中的一種：要嘛頭對著我們轉、要嘛腳對著我們轉，不可能出現其他情況。這個就是電子只有兩個自由度的概念。

第二個假設是，任兩個電子不能同時處於完全相同的量子態，這個假設叫作「**泡利不相容原理**」（**Pauli exclusion principle**）。這個假設也啟發了費米，最終推動了「費米子」假設的出現。相較於泡利，費米自 1924 年就開始思考電子是否可區分的問題，波耳和索末菲的量子理論完全無法解釋氦原子的光譜，費米猜想主要原因是氦原子裡的兩個電子完全相同、不可區分，但他一直不知道該如何展開定量的討論，直到看到了泡利的文章。

1926 年，費米連續發表了兩篇論文。費米在文章中描述了一種新的量子氣體，氣體中的粒子完全相同不可區分，而且每個量子態最多只能被一個粒子佔據。這與玻色和愛因斯坦討論過的全同粒子又有所不同，這種不同來源於電子的自旋，以及自旋所導致的不同之對稱性。

除了理論的成就之外，費米在實驗領域的成果也是常人難以企及的。他建立了人類史上第一個可控核反應爐（Chicago Pile-1），使人類進入原子能時代，被譽為「原子能之父」。因為他在物理學上有很大的影響力，人們為了紀念他煞費苦心：100 號化學元素「鐨」、美國芝加哥著名的費米實驗室、芝加哥大學的費米研究院都是為紀念他而命名的。他還曾經和中國物理學家楊振寧一起合作，提出基本粒子的第一個複合模型。可以說，費米在量子物理學的很多研究都是具有開創性的。

3.1.4　玻色子和費米子

從玻色到費米，兩種類型的全同粒子成為量子理論向前邁進的重要一步。

玻色子是自旋為整數的粒子，例如光子的自旋為 1。兩個玻色子的波函數是交換對稱的，當兩個玻色子的角色互相交換後，總波函數不變；而費米子的自旋則是半整數的，例如電子的自旋是二分之一。

由兩個費米子（fermion）構成的系統，波函數具有反對稱性，即當兩個費米子的角色互相交換後，系統總波函數只改變符號。反對稱的波函數與泡利不相容原理有關，所有費米子都遵循這個原理，因而，原子中的任意兩個電子不能處在相同的量子態上，而是在原子中分層排列。在這個基礎上，得到了有劃時代意義的元素週期律（periodic trend）。

簡單地理解，就是玻色子喜歡大家同居一室，所以都拼命擠到能量最低的狀態；例如，光子就是一種玻色子，許多光子可以處於相同的能階，所以我們才能得到雷射這種超強度的光束。而原子是複合粒子，情況要複雜一點：**對複合粒子來說，如果由奇數個費米子構成，則這個複合粒子為費米子；由偶數個費米子構成的，則為玻色子。**

如果在一定的條件下，將玻色子的原子溫度降低到接近絕對零度，所有玻色子會突然「凝聚」在一起，產生一些常態物質中觀察不到的「超流體」有趣性質，我們稱之為**「玻色 - 愛因斯坦凝聚」（BEC）**。透過對「玻色 - 愛因斯坦凝聚」的深入研究，就有可能實現「原子雷射」之類前景誘人的新突破。

現在我們已經知道，微觀粒子分為兩類：一種叫玻色子，另一種叫費米子。玻色子滿足玻色 - 愛因斯坦統計，即同一個量子態可以被多個玻色子佔

據，玻色子系的波函數是對稱的；費米子滿足費米－狄拉克統計，即一個量子態最多只能被一個費米子佔據，費米子系的波函數是反對稱的。

不可區分的全同粒子算起機率來的確與古典統計方法不一樣。如下圖所示，對兩個古典粒子而言，出現兩個正面（HH）的機率是 1/4，而對光子這樣的玻色子而言，出現兩個正面（HH）的機率是 1/3。費米子也是全同粒子，它是符合泡利不相容原理（兩個電子不能處於同樣的狀態）的全同粒子，像是電子。我們同樣以兩枚硬幣為例：假設兩枚硬幣現在變成了「費米子硬幣」，對兩個費米子來說，它們不可能處於完全相同的狀態，所以，四種可能情形中的 HH 和 TT 狀態都不成立了，只留下唯一的可能性：HT。因此，對於兩個費米子系統而言，出現 HT 的機率是 1，出現其他狀態的機率是 0。

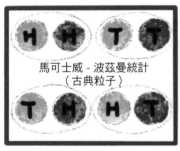

馬可士威 - 波茲曼統計
（古典粒子）

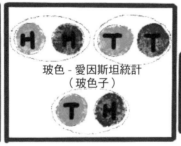

玻色 - 愛因斯坦統計
（玻色子）

奧米 - 狄拉克統計
（費米子）

（a）可區分　　　　　　　　　（b）不可區分

玻色子和費米子除了自旋性質的區別之外，還有一些不同。玻色子是有彈性的，彼此之間可以和平共處於同一個空間之中，費米子卻不一樣，它們會形成自己的空間並且排斥其他的費米子。從這點看來，似乎玻色子更無私一些，費米子則和自然界中的一些動物行為很類似，有很強的領地意識。常見的玻色子有希格斯粒子和光子，不遵循泡利不相容原理，低溫時會發生玻

色 - 愛因斯坦凝聚現象；常見的費米子有中子、質子和電子等，遵循泡利不相容原理。

3.2 矩陣力學和不確定性原理

在玻色、愛因斯坦、費米、狄拉克發展粒子全同性概念的同時，海森堡（Werner Heisenberg）和玻恩等人則是在量子理論的另一個方向取得突破性進展，他們締造了玻恩夢想的「量子力學」。二十歲時，海森堡首先引入了半整數的量子數；在二十四歲時，海森堡突破了舊的量子理論，創立了矩陣力學。

3.2.1 把矩陣運算帶入量子世界

波耳的理論成功地挽救了原子的有核模型，但為了解釋氦原子或者核電荷數更多的原子，波耳幾乎想盡了辦法，例如改變軌道（能階）的形狀，甚至一度放棄了能量守恆定律在微觀世界內的普遍有效性，但這些辦法都不能徹底解決問題。

為此，海森堡對問題的根本做了深刻的反思。他認為失敗的關鍵點在於引入了過多在實際觀測中沒有意義的概念，像是「軌道」、「軌道頻率」之類的概念，在物理實驗中完全找不到它們的位置。因此，海森堡認為應該剔除這些無法觀測的量，從實驗中有意義的概念出發來改造波耳的理論。海森堡注意到，儘管軌道（能階）無法直接觀察，但是從一個能階躍遷到另一個能階所吸收或釋放的能量是有直接的經驗意義的。這些資料可以填入一張二維表格當中，這些表格後來就演化為量子力學中的可觀測量，它們之間可以

進行特定的運算。實際上，這個做法已經把矩陣及其運算引入到了亞原子物理學的領域中。

1925 年 9 月，海森堡發表了一篇論文，題目是《量子理論對運動學和力學關係的重新解釋》，這篇論文具有里程碑的意義。海森堡在文中寫道，這篇論文的目的是「建立量子力學的基礎，這個基礎只包括可觀測量之間的關係。」隨後，波恩、約當、狄拉克等人把海森堡的方法在數學上精細化、系統化，標記了矩陣力學的誕生，是現代量子力學體系的直接來源之一。

在矩陣力學中，位置和動量這兩個物理量不再用數字來表示，而是分別用一張龐大的表格（矩陣）來表示。這樣一來，位置乘以動量就不再等於動量乘以位置，波恩和約當計算出了這兩個乘積之間的差值。

海森堡發明的矩陣力學，不但使海森堡拿到了 1932 年的諾貝爾物理學獎，而且讓他成為了量子力學主流解釋的主要人物。

3.2.2 從矩陣力學導不確定性原理

1926 年 4 月，海森堡在著名物理學家討論會上做了關於矩陣力學的報告，介紹了矩陣力學的特點，強調量子力學規律可以透過「測量」進行驗證。

會後，海森堡卻發現，物理量測量有「不確定性」，也就是「測不準關係」。電子位置的精確度與動量精確度的乘積是一個常量，即普朗克常量的 12 倍。於是，海森堡將自己的這個發現寫成論文《運動學與動力學量子理論感知要義》，並於 1927 年 4 月 22 日發表。

海森堡推導的不確定性原理公式說明，實驗對動量和位置的測量結果之偏差不能同時任意縮小：當一個量測量得愈精確，另一個量的誤差就會加

大，位置和動量不可能同時得到精確的值。例如，當位置十分精確地測量，對動量的測量結果之偏差必然會比較大，反之亦然。

為了論證自己的不確定性原理，海森堡設計了一個思想實驗：如果想要確定一個電子的位置，我們需要用顯微鏡觀察電子反射的光子。顯微鏡的精度被光的波長所限制——波長愈短，顯微鏡可以達到的精度愈高，但相對的，光的波長愈短，頻率就愈高，光子攜帶的能量就愈大。

海森堡提出使用波長非常短的伽馬射線來觀測電子。他認為可以透過伽馬射線精確測量電子的位置，但是要做到這一點要求至少有一個光子被電子反射。由於伽馬射線的光子能量很高，因此碰撞會顯著改變電子的運動狀態，也就是影響電子的動量；伽馬射線顯微鏡可以很精準地告訴我們電子的位置，但是它的擾動會使得動量的測量變得不準確。

儘管海森堡不確定性原理是一個令人感到疑惑的想法，但當我們用數學來描述它時，就變得清晰得多。一個量子系統，例如，海森堡考慮的電子，系統在某一時刻的狀態由波函數描述，波函數的解只能給出系統具有某種性質的機率。這種機率性導致我們無法準確預測電子的位置。

也就是說，我們考慮的是電子在空間中的分布。如果測量一個電子，可以得到測量後它所處的具體位置，但是如果我們準備 100 萬個處於同一狀態的電子然後分別測量它們，就會發現測量到的位置分散在四周。我們所測量到的分散性反映了波函數帶來的機率性，而我們想測量的其他性質也表現出相似的特點，例如動量，我們所能預測的只是測得某些動量的機率。

如果我們想要從波函數中計算出粒子位置和動量取某些值的機率，就需要用到被稱為算符的數學工具。量子力學中有很多種算符，比如位置、動量等。這些算符——例如位置算符——作用在波函數上，可以得到可能測量到的電子位置，並且可以得到測量時電子處於某位置的機率。每個算符都有一

組稱為本徵態的波函數,當電子處於位置本徵態的狀態時,電子處於某個位置的機率是 100%。

對於其他算符來說也是一樣的。動量算符同樣具有一系列本徵態,處於本徵態的粒子具有確定的動量。但是從數學上可以看出,粒子不可能同時處於動量和位置的本徵態。就像 2+3 無論如何也不會等於 27 一樣,算符對應的數學要求動量和位置不可能同時處於本徵態。

從數學上來看,想讓兩個力學量同時具有確定值是不可能的。量子物理的不確定性限制了我們對電子的位置和動量測量精度的極限。

根據不確定性原理,世界上沒有絕對靜止不動的東西。因為如果一個粒子的速度是絕對的 0,它就沒有動量的不確定性,那麼其位置的不確定性就必須是無窮大,因而它必須同時出現在宇宙中的所有地方。事實上,哪怕是在溫度是絕對零度的條件下,粒子也會有一些微小的震動。

不確定性原理說明,所謂「電子軌道」根本就沒有意義。換言之,電子沒有確定的位置,它同時出現在原子核之外的各個地方,呈現出來是一片「雲」。其實連中間那個原子核也是雲。至於為什麼在日常生活中,我們可以精確地知道一個東西的位置和速度,則是因為普朗克常數是一個很小的數值,那一點不確定性和宏觀世界的尺度相比微不足道。

「**不確定性原理**」是海森堡對量子力學做出的一項重要成果,隨著量子理論的發展,人們認識到海森堡「不確定性原理」在微觀世界中的重要性,並逐漸發現了一系列不可同時精確測量的物理量。如今,不確定性原理已經廣泛應用到高能物理、粒子物理、電腦、生物化學、哲學和經濟學等領域,直接或間接地推動了這些領域的發展。

3.3 世界是一場碰運氣的遊戲嗎？

　　根據海森堡的假設，世界將是一場碰運氣的遊戲。宇宙中所有的物質都是由原子和亞原子組成，而掌控原子和亞原子是可能性而不是必然性。在本質上，量子力學這種理論認為，自然是建立在偶然性的基礎上。顯然，這與人類的直觀感覺相悖，而這種相悖自然也在量子力學領域引發了爭議。

3.3.1 薛丁格不懂薛丁格方程式

　　簡單來說，海森堡不確定性原理是，粒子在客觀上不能同時具有確定的位置坐標和相應的動量。某一時刻的電子，有可能位於空間中的任何一點，只是位於不同位置的機率不同而已；換言之，電子在這個時刻的狀態，是由電子在所有固定點的狀態按照一定機率疊加而成的，此即稱之為電子的量子**「疊加態」**。而每一個固定的點，被認為是電子位置的**「本徵態」**。

　　在量子理論中，電子的自旋解釋為電子的內在屬性，無論我們從哪個角度來觀察自旋，都只能得到「上旋」或「下旋」兩種本徵態；那麼，疊加態就是本徵態按機率的疊加，兩個機率的組合可以有無窮多。

　　電子既「上」又「下」的疊加態，是量子力學中粒子所遵循的根本規律。光也是有疊加態的，例如在偏振中，單個光子的電磁場在垂直和水平方向振盪，那麼光子就是既處於「垂直」狀態又處於「水平」狀態。

　　但是當我們對粒子（如電子）的狀態進行測量時，電子的疊加態就不復存在，它的自旋要嘛是「上」、要嘛是「下」。為了解釋這個過程，海森堡提出了波函數坍縮的概念，即在人觀察的一瞬間，電子本來不確定位置的「波函數」一下子坍縮成某個確定位置的「波函數」了；這就是所謂的**哥本哈根解釋（Copenhagen interpretation）**。

在哥本哈根解釋中，波函數本身可以解釋為一種機率雲。它並沒有顯示出電子的實際狀態，而是顯示了當我們測量它時，得到一個特定結果的可能性有多大。但這只是一種統計模式，它不能證明波函數是真實的。

哥本哈根的解釋很直接地反映了實驗中發生的情況，儘管並沒有對觀察量子系統時發生的情況做出詳細的假設，但不可否認，某種程度上，哥本哈根解釋對電子和光子等量子系統是有效的。

然而，哥本哈根的解釋和量子疊加態，嚴重違背了人們的日常經驗——薛丁格對哥本哈根解釋尤其感到擔憂。於是，為了反對哥本哈根學派對量子力學的詮釋，薛丁格提出了一個有關貓的思想實驗，就是我們耳熟能詳的**「薛丁格的貓」**（Schrödinger's cat）。

薛丁格假設，有一隻貓被關在一個裝了有毒氣體的箱子裡，而決定有毒氣體是否釋放的開關是一個放射性原子，在某個時刻，放射性原子會衰變，並釋放出輻射粒子，粒子探測器受到觸發將毒藥瓶打破，釋放出裡面的毒藥殺死了貓。

在量子力學中，放射性原子的衰變是一個隨機事件。從外面看，沒有觀測者能看出原子是否衰變了。根據哥本哈根的解釋，在有人觀察到原子（量子）之前，它處於兩個量子態的疊加狀態：衰變態和未衰變態。依據這個解釋，探測器、藥瓶和貓的狀態也是如此，所以貓處於兩種狀態的疊加狀態：死和活。

因為盒子不受所有量子相互作用的影響，所以想知道原子是否衰變並殺死貓，唯一的方法就是打開盒子。哥本哈根解釋告訴我們，當我們打開盒子的時候，波函數坍縮，貓突然切換到一個確定的狀態，要嘛死、要嘛活；但問題是，盒子的內部與外部世界並沒有什麼不同，在外部世界中，我們從來沒有觀察到一隻處於疊加狀態的貓，一隻貓不是死的就是活的，怎麼可能既死又活？

儘管現實中的貓不可能既死又活，但電子（或原子）的行為就是如此。
這個實驗使薛丁格再次站到了自己奠基的理論對立面，有物理學家因此調侃
他：「薛丁格不懂薛丁格方程式。」

3.3.2　尋找薛丁格的貓

薛丁格試圖用這隻「既死又活」的貓去反駁哥本哈根解釋——微觀量子
系統可以遵循疊加原理，但宏觀系統不能，透過將微觀系統的原子與宏觀系
統的貓聯繫起來，薛丁格指出了哥本哈根解釋中的一個缺陷：不適用於宏觀
狀態。畢竟，在量子理論的形式主義中，有充分的理由要求任何測量、任何
「可觀測」都是一個本徵函數。

哥本哈根解釋表示，測量過程以某種方式將複雜、疊加的波函數分解為
單個分量的本徵函數，如果薛丁格的方程式允許波函數以這種方式表現，那
一切都沒問題，然而事實並非如此。波函數的瞬間坍縮不可能從薛丁格的數
學中出現，因而哥本哈根解釋反而是對該理論的一種補充。

那麼問題是，如果建構世界的基本量子都能以疊加態存在，為什麼宇宙
看起來是古典的？許多物理學家對此進行了實驗，以證明電子和原子的行為
確實與量子力學所說的一樣。但重點是，理論家們想知道貓是否能觀察到自
己的狀態。他們的結論與薛丁格的邏輯相同，如果貓觀察到自己的狀態，那
麼盒子裡就包含了一隻透過觀察自己而自殺的死貓的疊加，還有一隻觀察到
自己是活著的貓，直到真正的觀察者打開盒子。

測量過程並不是哥本哈根解釋所假設的那種理想操作。波函數坍縮為
單個本徵函數，描述了測量過程的輸入和輸出，但是，當我們進行真正的測
量時，從量子的角度來看，我們所要做的事情極其複雜，要對其進行逼真的
建模顯然是不可能的。例如，為了測量電子的自旋，讓它與一個合適的設備
相互作用，這個設備有一個指標，可以移動到「上」或「下」的位置；這個

設備會產生一個狀態，而且只有一個狀態，而我們看不到指標上下疊加的位置。

但實際上，這就是古典世界的運作方式。古典世界的下面是一個量子世界；用旋轉裝置代替貓，它確實應該以疊加狀態存在，這個被視為量子系統的裝置非常複雜，它包含了無數的粒子。從某種程度上來說，這個測量結果來自於單個電子與無數粒子的相互作用。這使得物理學家們很難使用薛丁格方程式來分析一個真實的測量過程。

目前，我們對量子世界已有了一些瞭解。舉一個簡單的例子，一束光打在鏡子上，在古典世界中，我們認為反射光線的角度與入射光線的角度相同。物理學家理查費曼在其關於量子電動力學的書中解釋說，這不是在量子世界中發生的事情。光線實際上是一束光子，每個光子可以到處反射。

然而，如果將光子可能做的所有動作疊加起來，就會得到**司乃耳定律（Snell's Law）**；如果把一個光學系統的所有量子態疊加在一起，會得到古典的結果——光線沿著最短的路徑走。

這個例子表明，所有可能的疊加——在這個光學框架中——產生了古典物理世界。最重要的特徵並不是光線的幾何細節，而是它在古典層面上只能產生一個世界。在單個光子的量子細節中，我們可以觀察到所有疊加的東西，如本徵函數等；但在人的尺度上，所有這些抵消了，產生了一個古典物理世界。

這個解釋的另一個部分叫做**退相干（decoherence，或稱去相干）**。要知道，量子波有相位，也有振幅。相位對於任何疊加都是至關重要的；如果取兩個疊加態，改變其中一個的相位，然後把它們加在一起，得到的和原來的會完全不同；假若對很多分量做同樣的處理，重新組合的波幾乎可以是任何東西。相位資訊的丟失破壞了薛丁格貓一樣的疊加，我們不僅看不清牠是死是活，甚至看不出牠是一隻貓。

當量子波不再有良好的相位關係時，它們開始變得更像古典物理，疊加失去了任何意義。使它們退相干的原因則是與周圍粒子的相互作用，而這正是儀器測量電子自旋並得到一個特定結果的原因。

這兩種方法都得出了相同的結論：如果我們以人類的視角觀察一個包含無數粒子的極複雜量子系統，我們會觀察到古典物理。特殊的實驗方法、特殊的設備，或許會保留一些量子效應，但當我們回到更大的尺度時，一般的量子系統就不會出現量子效應。

這是解釋這隻貓命運的一種方法。只有當盒子完全不受量子退相干影響時，實驗才能產生疊加的貓，而這樣的盒子並不存在。

3.3.3　平行宇宙的可能？

「薛丁格的貓」帶來了量子世界的迷局，而對於薛丁格的貓另一種解釋，就是**平行宇宙學說**。由好萊塢著名導演克里斯多福諾蘭執導的科幻鉅作《星際效應》（Interstellar）綜合了多種量子物理中的現象，其中就包含了我們所謂的平行宇宙學說。

1957 年，**休艾弗雷特三世（Hugh Everett Jr）**提出了量子力學的**多世界詮釋（many-worlds interpretation）**。艾弗雷特並不把觀察視為一個特殊的過程，在他的多世界詮釋中，貓的生與死狀態在盒子打開後仍然存在，但是彼此之間發生了退相干；換句話說，當盒子打開時，觀察者和貓分裂成兩個分支——觀察者看著盒中的死貓，以及觀察者看著盒中的活貓。但是由於死態和活態是退相干的，它們之間無法發生有效的資訊交流或相互作用，這種狀態稱為量子疊加態。由於與一個具有隨機性的亞原子事件相關聯，這個事件可能發生，也可能不發生。

也就是說，艾弗雷特把這個系統當成了整個宇宙，所有東西都與其他東西相互作用，只有宇宙才是真正孤立的。艾弗雷特發現，如果我們邁出了這一步，那麼貓的問題以及量子和古典真相之間的矛盾關係，就很容易解決了。宇宙的量子波函數不是一個純粹的本徵函數，而是所有可能本徵函數的疊加；雖然我們無法計算出這些東西，但我們可以對它們進行推理。實際上，從量子力學的角度來說，我們正在把宇宙描繪成一個宇宙所能做的所有可能事情之組合。

結果是，貓的波函數不需要坍縮就可以得到一個古典的觀測結果，它可以完全保持不變，不違反薛丁格方程式。相反地，有兩個共存的宇宙。在其中一個實驗中，貓死了；在另一個實驗中，貓是活的。當你打開盒子時，相應的有兩個你和兩個盒子。一個獨特的古典世界以某種方式從量子可能性的疊加中出現，取而代之的是一個廣泛的古典世界，每個古典世界對應著一個量子可能性。這就是量子力學的多世界解釋。

隨後有觀點認為，如果考慮量子疊加，即使打開了盒子，可能出現在盒子中的貓並不是之前的那隻貓，因為原本的貓很可能和平行宇宙中另一隻一模一樣的貓互換了。換一種說法，就是每一次的機率事件可能會產生出同等機率的平行世界，而在這些平行宇宙中，存在著一個一模一樣的「你」，只是身分背景等各種資訊可能完全不同。很多物理學家接受了多世界的解釋，薛丁格的貓真的既是活的又是死的，這就是數學上的結果，它就像你和我一樣真實，是你和我。

宇宙很可能是各種狀態極其複雜的疊加。如果你認為量子力學基本上是對的，它一定是對的。不過，霍金駁斥了多世界解釋，1983 年，物理學家史蒂芬霍金（Stephen Hawking）認為，從這個意義上來看，多世界解釋是「自明無誤的」，但這並不意味著存在一個疊加宇宙。霍金認為：「人們所做的一切，實際上只是計算條件機率——換句話說，在給定 B 的情況下，A 發生的機率。我認為這就是多世界的所有解釋。」

4
CHAPTER

一隻貓的使命

「我認為，沒有人真正瞭解量子力學。」

——美國物理學家，費曼

4.1 計算的重構

　　儘管遭到了薛丁格的反對，但量子疊加態在二十世紀八零年代量子計算誕生後，人們便已深信不疑。其中，量子電腦就是量子疊加態最為典型的應用。

　　1981 年，著名物理學家費曼觀察到以圖靈機模型[5]為基礎所打造的普通電腦，在模擬量子力學系統時遇到諸多困難，進而提出了傳統電腦模擬量子系統的設想。1985 年，當量子物理與電腦狹路相逢時，通用量子電腦概念因而誕生，自此，量子力學進入了快速轉化為真正社會技術的進程，人類在量子電腦應用發展的道路上行進速度也愈來愈快。如今，量子計算離我們已不再遙遠。

4.1.1 從經典計算到量子計算

　　眾所周知，傳統電腦以位元（bit）形式儲存資訊，位元使用二進位來表示，一個位元表示的不是「0」就是「1」。但是在量子電腦裡，情況就完全不同了，**量子電腦以量子位元（qubit）為單位來處理資訊，量子位元可以同時表示為「0」和「1」。**

　　根據疊加這個特性，量子位元在疊加狀態下還可以是非二進位的，該狀態在處理過程中相互作用，做到「既 1 又 0」。這意味著，量子電腦可以疊加所有可能的「0」和「1」組合，讓「1」和「0」的狀態同時存在。理論上，正是這種特性使得量子電腦在某些應用中，處理效能可以是傳統電腦能力的好幾倍。

---

❺ 編註：圖靈機（Turing machine）為數學家艾倫圖靈（Alan Turing）於 1936 年所提出的一種計算模型。

傳統電腦中的二位元暫存器一次只能儲存一個二進位數字，而量子電腦中的二位量子位元暫存器可以同時保持所有四個狀態的疊加。當量子位元的數量為 n 個時，量子處理器對 n 個量子位元執行一個操作，就相當於對古典位元執行 2n 個操作，這使得量子電腦的處理速度大大提升。

根據量子力學，微觀世界中的能量是離散的，就像不停地用顯微鏡放大斜面，最後發現所有的斜面都是由一小級一小級的階梯組成一樣，量子並不是某種粒子，它指的是微觀世界中能量離散化的現象。量子系統經過測量之後就會坍縮為古典狀態，這就是「薛丁格的貓」思想實驗。當我們打開密閉容器後，貓就不再處於疊加狀態，而是死貓或活貓的唯一狀態。同樣地，量子電腦在經過量子演算法運算後，每一次測量都會得到唯一確定的結果，且每一次結果都有可能不相同。

另外，由於另一種奇怪的量子特性——糾纏，即使量子位元在物理上是分開的，兩個或多個量子物體的行為還是相互關聯；根據量子力學定律，無論是毫米、公里還是天文距離，這種模式都是一致的。當一個量子位元處於兩個基態之間的疊加狀態時，10 個量子位元利用糾纏，可以處於 1,024 個基態的疊加狀態。

與傳統電腦的線性不同，量子電腦的計算能力隨著量子位元數量的增加呈指數增長，正是這種能力賦予了量子電腦同時處理大量結果的非凡能力。當處於未被觀測的疊加狀態時，n 個量子位元可以包含與 2n 個古典位元相同數量的資訊，因此，4 個量子位元相當於 16 個古典位元。這聽起來可能不是一個很大的改進，但是 16 個量子位元卻相當於 65,536 個古典位元，而300 個量子位元所包含的狀態比宇宙中估計的所有原子都要多——這將是個天文數字。

這種指數效應就是人們為什麼如此期待量子電腦的原因所在，可以說，量子電腦最大的特點就是速度快。以質因數分解為例，每個合數都可以寫成幾個質數相乘的形式，其中每個質數都是這個合數的因數，把一個合數用質因數相乘的形式表示出來，就叫做分解質因數。例如，6 可以分解為 2 和 3 兩個質數；但如果數字很大，質因數分解就變成了一個很複雜的數學問題。1994 年，為了分解一個 129 位的大數，研究人員同時動用了 1,600 台高端電腦，花了八個月時間才分解成功；但若使用量子電腦，只需一秒鐘就可以破解。

4.1.2　量子計算需要量子演算法

正如經典計算一樣，量子計算想要運作，也需要遵循一定的演算法——就像普通演算法是用來支援普通電腦解決問題的程式一樣，量子演算法是為超高速量子電腦設計的演算法。量子演算法不僅成全了量子電腦的無限潛力，也為人工智慧帶來了新的發展可能。

與傳統電腦不同，量子電腦處理資訊的計算單位是量子位元，它的最大特點就是可以處於「0」與「1」的疊加態，意即一個量子位元可以同時儲存「0」和「1」兩個資料，而傳統電腦只能儲存其中一個資料。例如，一個二位元記憶體，量子記憶體可同時儲存「00」、「01」、「10」、「11」四個資料，而傳統電腦記憶體只能儲存其中一個資料。

也就是說，n 個位元量子記憶體可同時儲存 2n 個資料，它的儲存能力將是傳統電腦記憶體的 2n 倍。因此，一台由 10 個量子位元組成的量子電腦，其運算能力就相當於 1,024 位元的傳統電腦；而一台由 250 個量子位元組成的量子電腦（n=250）可以儲存的資料，將比宇宙中所有原子數目還要多。換言之，即使把宇宙中所有原子都用來打造成一台傳統電腦，也比不上一台 250 位元的量子電腦。

　　一直以來，該以何種方式才能把這些量子位元連接起來、該如何為量子電腦編寫程式、怎樣編譯它的輸出訊號，都是實現量子電腦超強運算能力的嚴峻挑戰。直到 1994 年，美國貝爾實驗室的彼得秀爾（Peter Shor）提出了一種量子演算法[6]，能有效地分解大數，把分解的難度從指數級降到了多項式。

　　目前通用的電腦加密方案──RSA 加密，就是利用質因數分解的時間複雜性。用目前最快的演算法對一個大整數進行質因數分解，需要花費的時間都在數年以上，但透過秀爾演算法，一台量子位元數足夠多的量子電腦，能夠輕易破解 RSA 模型下的任何大整數。秀爾因此榮獲 1999 年理論電腦科學的最高獎項──哥德爾獎。

　　根據秀爾的測算，分解一個 250 位的大數，傳統電腦即使採用現今最有效率的演算法，再讓全球所有電腦聯合工作，也要花上幾百萬年，而量子電腦只需幾分鐘；量子電腦分解 250 位數時，進行的是 10 的 500 次方平行計算。這是量子領域一個革命性的突破，意味著量子電腦也是可以進行計算的，由此引發了大量的量子計算和資訊方面研究工作。

　　1996 年，在秀爾開發出第一個量子演算法不久後，貝爾實驗室的格羅弗（Lov Grover）也聲稱他們發現了一種演算法可以有效搜尋排序的資料庫，該演算法能夠在非結構化資料中進行閃電般的搜尋。普通搜尋演算法花費的時間通常與要搜尋的專案數 n 成正比，而格羅弗演算法複雜度僅為 n 的負二次方。因此，如果將資料大小變為原來的 100 倍，普通演算法執行搜尋所需時間也會變為 100 倍，而格羅弗演算法只需要原來所需時間的 10 倍。

---

❻ 編註：稱為「秀爾演算法」（Shor's algorithm），可以進行質因數分解的量子演算法。

4.1.3　量子演算法在今天

　　大多數量子計算是在所謂的量子電路中進行的。量子電路是一系列在量子位元系統上操作的量子閘。每個量子閘都有輸入和輸出，其操作類似傳統電腦中的硬體邏輯閘；量子閘與數位邏輯閘一樣，按順序連接以實現量子演算法。而量子演算法作為量子電腦上執行的演算法，其結構則是利用量子力學的獨特性質（例如疊加或量子糾纏）來解決特定的問題陳述。

　　除了秀爾提出的秀爾演算法和格羅弗提出的格羅弗演算法之外，現在主要的量子演算法還包括：量子進化演算法（quantum-inspired evolutionary algorithm, QEA）、量子粒子群優化演算法（quantum particle swarm optimization, QPSO）、量子退火演算法（quantum annealing algorithm, QAA）、量子神經網路（quantum neural network, QNN）、量子貝葉斯網路（quantum Bayesian network, QBN）、量子小波變換（quantum wavelet transform, QWT）和量子聚類演算法（quantum clustering, QC）。在 Quantum Algorithm Zoo 網站，可以找到量子演算法的綜合目錄。

　　量子軟體是一個總稱，指的是量子電腦指令的全部集合——從硬體相關的程式碼到編譯器再到電路、所有演算法和工作流程軟體。

　　量子退火（quantum annealing）是透過電路進行運算的演算法之替代模型，因為它不是由閘建構的。「退火」本質上是一種將金屬緩慢加熱到一定溫度並保持足夠時間，然後以適宜速度冷卻的金屬熱處理工藝，其目的是對金屬材料和非金屬材料降低硬度，改善切削加工性，也可穩定尺寸、減少變形與裂紋傾向並消除組織缺陷。簡言之，「退火」解決的是材料在研製過程中的硬體工藝不穩定問題，而「量子退火」則是解決組合優化等數學計算中的非最佳解問題。

　　量子退火就是透過超導電路、相干量子計算（CIM）實施雷射脈衝等方式，以及利用模擬退火（simulated annealing, SA）的相干量子計算，與數位電路，如現場可程式化邏輯閘陣列（field programmable gate array, FPGA）等一起實現的量子演算法。量子退火先從權重相同的所有可能狀態（候選狀態）的物理系統量子疊加態開始執行，並按照薛丁格方程式開始量子演化。

　　根據橫向場的時間依賴強度，在不同狀態之間產生量子穿隧（quantum tunneling）效應，使得所有候選狀態不斷改變，實現量子並行性。當橫向場最終被關閉的時候，預期系統就已得到原最佳化問題的解，也就是到達相對應的經典伊辛模型（Ising model）基態。在最佳化問題的情況下，量子退火使用量子物理學來找到問題的最小能量狀態，這相當於其組成元素的最佳組合或接近最佳組合。

　　伊辛機（Ising machine）是一種非電路替代方案，專門用於優化問題。在伊辛模型中，來自原子集合中每對電子自旋之間相互作用的能量是加總到一起的。由於能量大小取決於自旋是否對齊，所以集合的總能量取決於系統中每個自旋指向的方向；一般的伊辛優化問題是確定自旋應該處於哪種狀態，以便系統的總能量最小。使用伊辛模型進行優化，需要將原始優化問題的參數映射到一組有代表性的自旋中，並定義自旋如何相互影響。

　　混合計算通常需要將問題（如優化）轉換為量子演算法，其中第一次迭代在量子電腦上運行；雖然可以快速提供一個答案，但它只是對有效整體解空間的粗略評估。然後，用功能強大的傳統電腦找到精確的答案，這個過程只需要檢查原始解空間的一個子集。

4.2 量子計算爭霸賽

2019 年，Google 率先宣布實現「量子霸權」（量子優越性），一把將量子計算推入公眾視野，激起量子計算領域的千層浪。第二年，也就是 2020 年，中國團隊宣布量子電腦「九章」問世，挑戰 Google「量子霸權」，實現運算力全球領先。「九章」為一部具有 76 個光子、100 個模式的量子電腦，處理「高斯玻色取樣」的速度比最快的超級電腦「富岳」（Fugaku）快上一百萬億倍。史上第一次，一部利用光子建構的量子電腦效能超越了運算速度最快的經典超級電腦。

同時，「九章」也比 Google 去年發布的 53 個超導位元量子電腦原型機「Sycamore」快一百億倍；這個突破使中國成為全球第二個實現「量子霸權」的國家，使得量子計算研究邁向下一個里程碑。

「九章」成為世界級重大科研成果。那麼，什麼是「量子霸權」？「量子霸權」又在「霸權」什麼？

4.2.1 量子霸權是什麼？

量子霸權並不具有字面上的政治含義，它只是一個單純的科學術語，意指量子電腦在某個問題上超越現有最強的傳統電腦，故而稱為「量子優越性」，也叫「量子霸權」。

2019 年，Google 宣布率先實現「量子霸權」。根據 Google 的論文，該團隊將其量子電腦命名為「Sycamore」，處理的問題大致可以理解為「判斷一個量子亂數發生器是否真的隨機」。Sycamore 晶片有 53 個量子位元，僅需兩百秒就能對一個量子線路取樣一百萬次，而相同的運算量在當

時世界最大的超級電腦 Summit[7] 上則需要一萬年才能完成。兩百秒之於一萬年，如果這是雙方的最佳表現，便意味著量子計算佔有壓倒性的優勢。這項工作是人類歷史上首次在實驗環境中驗證了量子優越性，《Nature》將其視為量子計算史上的一個重大里程碑。

量子霸權最初由加州理工學院的物理學教授 John Preskill 定義──即**量子電腦的能力超過任何可用傳統電腦的能力**；通常被認為是建立在經典架構上最先進的超級電腦。人們曾經估計，擁有 50 個或更多量子位元的量子電腦就可以展示量子霸權，但一些科學家們則認為，這比較取決於在相干性衰減之前，一個量子位元系統中可以執行多少邏輯操作（閘），而相干性衰減時，錯誤會激增，進一步的計算將變得不可能。

此外，量子位元如何連接也很重要，因此 IBM 的研究人員在 2017 年制定了量子體積（quantum volume, QV）的概念──用來表達量子電腦效能的一個指標。更大的量子體積意味著更強大的電腦，但不能僅透過增加量子位元數來增加量子體積。量子體積是一種與硬體無關的效能測量，根據閘進行運算的量子電腦考慮許多因素，包括量子位元的數量、量子位元的連通性、閘保真度、串擾和電路編譯效率。

2020 年末，IonQ 公司宣布其第五代量子計算的量子體積為 400 萬。在此之前，美國 Honeywell 公司利用離子阱（ion trap）量子位元技術打造的量子電腦僅使用 6 個量子位元，擁有當時業界最高的公開量子體積 128，第二高是 IBM 的 27 個量子位元超導量子機器，量子體積為 64。2021 年 7 月，Honeywell 聲稱更新版本的 System Model H1 的量子體積達到 1,024，是迄今為止實驗測得的最高量子體積。

---

❼　編註：美國 ORNL 實驗室於 2018 年研發的超級電腦，被 TOP500 認證為當時全世界最快的超級電腦，後於 2021 年被日本超級電腦 Fugaku 擠下成為第二名；現今排名全球第一的是美國研發的 Frontier。

2020 年，在 Google 宣布實現量子霸權的一年後，中國科學家團隊在 Sycamore 的基礎上更進一步研發出「九章」。雖然根據 2019 年 10 月 Google 在科學期刊《Nature》上刊登的報告，Sycamore 完成隨機電路取樣任務用了約兩百秒進行 100 萬次取樣，同樣的任務在當時最快的超級電腦 Summit 上執行要一萬年，但 Sycamore 量子優越性的實現依賴其樣本數量。根據《墨子沙龍》：在隨機電路取樣實驗中，Sycamore 抽取 100 萬個樣本時需要兩百秒，超級電腦 Summit 需要兩天，量子計算比超級電腦更具優越性；但如果抽取 100 億個樣本，傳統電腦仍然只需要兩天，可是 Sycamore 卻要 20 天才能完成這麼龐大的取樣工作，量子計算反而喪失了優越性。

而「九章」所解決的高斯玻色取樣問題，其量子計算優越性不依賴於樣本數量。同時，從等效速度來看，「九章」在同樣的賽道上比 Sycamore 還快了一百億倍：根據目前最佳的經典演算法，「九章」花 200 秒抽取到的 5,000 個樣本，如果用中國的「太湖之光」需要運算 25 億年，用世界排名第一的超級電腦 Summit 執行，也要六億年之久。

此外，在態空間方面，「九章」也以輸出量子態空間規模達到 1,030 的優勢，遠遠超越 Sycamore；其出色表現牢牢確立了中國在國際量子計算研究中第一方陣的領先地位，更是量子計算領域的一個重大成就。

4.2.2　經典計算 vs 量子計算

根據量子的疊加性，許多量子科學家認為，量子電腦在特定任務上的計算能力將會遠遠超出任何一台傳統電腦；但從目前來看，實現量子霸權仍然是一場持久戰。

　　科學家們認為，當可以精確操縱的量子位元超過一定數目時，量子霸權就可能實現。這包含了兩個關鍵點，一是操縱的量子位元數量，二是操縱的量子位元精準度；只有當兩個條件都達成，才能實現量子計算的優越性。

　　然而，不論是用 54 個量子位元實現量子霸權的 Sycamore，還是建立了 76 個光子實現量子霸權的量子計算原型機「九章」，人們操縱量子位元的數量不斷提高，但仍需面對量子計算精準度和不可小覷的超級計算工程潛力。

　　其中，量子位元能夠維持量子態的時間長度，稱之為量子位元相干時間。其維持「疊加態」（量子位元同時代表 1 和 0）時間愈長，能夠處理的程式步驟愈多，可以進行的計算就愈複雜；而當量子位元失去相干性時，資訊就會丟失。因此量子計算技術還得面臨如何去控制以及讀取量子位元，然後在讀取和控制達到比較高的保真度之後，對量子系統做量子糾錯的操作。

　　於此同時，經典計算的演算法和硬體也在不斷優化，超級計算工程的潛力更是不可小覷。例如，IBM 就宣稱他們實現了 53 位元、20 深度的量子隨機電路取樣，經典模擬可以只用兩天多的時間來完成，甚至還可以更好。

　　而如前述，Sycamore 量子優越性的實現依賴其樣本數量，當採集 100 萬個樣本時，Sycamore 與超級電腦相比擁有絕對優勢，但是若要採集 100 億個樣本，反而喪失了優越性。

　　有很長一段時間，量子電腦的優越性都只針對特定任務。例如，Google 的量子電腦針對的是一種叫做「隨機電路取樣（random circuit sampling）」的任務。一般來說，選取這種特定任務的時候，需要經過精心考量，該任務最好適合已有的量子體系，但對於經典計算來說很難模擬。

　　這意味著，量子電腦並不是對於所有問題的處理都超越傳統電腦，而是只在某些特定問題上超越了傳統電腦，因其對這些特定問題設計出高效的量子演算法。對於沒有量子演算法的問題，量子電腦則不具有優勢。

　　事實上，這也是「九章」創造性突破所在。其二次示範的「量子霸權」不僅證明了它的原理，更有跡象表明，「高斯玻色取樣」可能有實際用途，例如解決量子化學和數學領域中的專門問題。更廣泛地說，能夠掌握控制作為量子位元的光子，將是建立任何大規模量子網路的先決條件。

　　整體而言，不論從量子計算的數量還是精度，是經典計算的潛力或者局限性，量子計算和經典計算的競爭都將是一個長期的動態過程。

　　用人們的日常眼光來看，量子物理學中的一些事物看起來毫無章法，有的似乎完全說不通，但這正是量子力學的迷人之處，更是科學家們努力的意義所在。對於量子力學的詮釋，我們可以把它理解成物理學家嘗試找出量子力學的數學理論與現實世界的某種「對應」。從更深層的角度來看，每一種詮釋都反映著某種世界觀。

　　每一次技術的突破都讓世人欣喜若狂，也正因為有這些努力，人類文明才能不斷前進。正如命名來自於《九章算術》的「九章」，蘊涵著中國古代教科書般的意義，寄託了人們對於未來世界的想像和願望。

4.3　量子計算如何改變世界？

　　量子力學是物理學中研究亞原子粒子（subatomic particle）行為的一個分支，而運用神祕量子力學的量子電腦，超越了古典牛頓物理學極限的特性，因而實現計算能力的指數級增長成為科技界長期以來的夢想。

4.3.1　量子計算的應用方案

　　當前，在全尺寸量子電腦可用之前，已經有部分的量子計算開始投入應用。

　　其中最突出的，是小規模量子計算和經典計算在所謂的混合量子計算中的結合，另一個則是量子啟發式演算法在傳統電腦硬體上的潛在實現。量子啟發式的運算技術是根據這樣的想法：一個在傳統電腦上難以解決的問題可能會變得更容易解決，它被重新定義為一種受到量子物理學啟發的方式，而執行上仍然是經典的。

　　區分經典計算和量子計算一個很實用的定義是——如果一個解決方案利用了疊加和糾纏的量子力學原理，它就可以稱為量子解決方案，或者至少是一個混合經典與量子的解決方案；然而倘若這個解決方案不利用這些現象，我們便稱之為經典解決方案，即使它可能看起來不像是一個以普通的經典計算方法去解決問題。

　　量子啟發式計算可以使用標準電腦硬體或專用電腦硬體來執行。通常，量子啟發式軟體也是量子就緒的，一旦硬體可用，就可以輕易地移植到真正的量子電腦上來執行；在真正的量子電腦上執行時，軟體效能將更加強大。

　　微軟的量子啟發式演算法原本就設計在傳統電腦上執行，並且已經在一些使用案例中取得成功，例如改進放射掃描中的癌症檢測。微軟聲稱其量子啟發式演算法「對於優化問題特別有用，這涉及透過大量的可能性來篩選找出最佳解或高效率的解決方案——這些解非常複雜，需要十分強大的計算能力，以至於當前的技術難以企及。」

　　微軟還聲稱，透過將複雜的計算問題轉化為量子啟發的解決方案，Azure[8] 可以實現幾個量級的效能加速。他們已經與 Willis Towers Watson 和金融服務公司 Ally 合作，探索這類演算法如何在風險管理、金融服務和投資領域發揮作用。

　　Quantum Computing Inc.（QCI）是標準電腦硬體實現的另一個例子。他們提供了一個名為 Qatalyst 的軟體平台，透過在傳統電腦硬體上執行量子啟發式運算軟體，使用者可以利用量子計算的最新突破；其中一個應用就是量子資產分配器（quantum asset allocator, QAA），它使用量子啟發式技術來解決妨礙最優投資組合配置的 NP-hard 問題。該公司聲稱 QAA 可以解決 NP-hard 問題，包括基數約束和最小買入約束。Qatalyst 軟體也是量子就緒的，因此在真正的量子電腦可用時就可以立即派上用場。

　　Toshiba 的模擬分岔機（simulated bifurcation machine, SBM）是標準電腦硬體實現的另一個例子，它在通用的傳統電腦上執行，聲稱可以高速解決大規模組合優化問題，而且比模擬退火方法快一百倍。

　　Fujitsu 的數位退火服務（digital annealer）是專用電腦硬體實現的一個例子，它的硬體是專為更有效解決更大、更複雜的組合優化（CO）問題而設計的。

---

❽ 編註：Azure 是微軟開發的雲端服務平台，其中與 IonQ、QCI 及 Honeywell 合作的 Azure Quantum 專門提供量子運算服務。

4.3.2　量子計算的無限可能

2021 年初，據《富比士》（Forbes）雜誌報導指出，領先的量子計算將應用於 AI／機器語言、金融服務、分子模擬、材料科學、石油／天然氣、安全、製造、運輸／物流、IT 和醫療保健（製藥）等各行各業。

此外，量子計算為未來的科技發展提供了誘人的可能性，嘗試利用新硬體力量的研究人員，主要從三種類型的問題入手：

第一種類型的問題涉及到分析自然世界：量子電腦以現今電腦無法比擬的精度去模擬分子的行為；其中，計算化學是最大的一個應用領域。事實上，在過去兩年內，量子電腦用愈來愈多的經驗證據取代猜測，貢獻了應有的價值。

例如，模擬一種相對基礎的分子（如咖啡因）將需要一台 10 的 48 次方位元傳統電腦，相當於地球上原子數量的 10%；而模擬青黴素則需要 10 的 86 次方位元──這個數字比可觀測宇宙中的原子數量總和都要大。傳統電腦永遠無法處理這種任務，但在量子領域，這樣的計算則成為可能。理論上，一台有 160qubits 的量子電腦就可以模擬咖啡因，而模擬青黴素需要286qubits。這為設計新材料或者找到更好方法來處理現有工藝提供了更便捷的手段。

2020 年 8 月 27 日，Google 量子研究團隊宣布，其在量子電腦上模擬了迄今最大規模的化學反應，相關成果登上了《Nature》的封面，標題為《超導量子位元量子電腦的 Hartree-Fock 近似模擬》（Hartree-Fock on a Superconducting Qubit Quantum Computer）。

為了完成這項最新成果，研究人員使用 Sycamore 處理器，模擬了一個由兩個氮原子和兩個氫原子組成的二氮烯分子異構化反應，結果，量子模擬

與研究人員在傳統電腦上進行的模擬一致，驗證了他們的工作。值得一提的是，這項新研究所用的 Sycamore，正是《Nature》視為在量子計算史上具有里程碑意義的 54 個量子位元處理器。儘管這種化學反應可能相對簡單，也不是非量子電腦不可，但這確切展示了利用量子模擬開發新化學物質的巨大潛力。

此外，量子計算也可望為 AI 人工智慧帶來更多好處。目前，針對人工智慧產生的量子演算法潛在應用包括量子神經網路、自然語言處理、交通優化和影像處理等；其中，量子神經網路作為量子科學、資訊科學和認知科學多個學科交叉形成的研究領域，可以利用量子計算的強大計算能力，提升神經計算的資訊處理能力。

在自然語言處理上，2020 年 4 月，劍橋量子計算公司（Cambridge Quantum Computing, CQC）宣布在量子電腦上執行的自然語言處理測試獲得成功，這是全球量子自然語言處理應用獲得的首次成功驗證。研究人員利用自然語言的「本徵量子」結構將帶有語法的語句轉譯為量子電路，在量子電腦上實現程式處理的過程，並得到語句中問題的解答。利用量子計算，未來可望實現自然語言處理在「語義感知」方面的進一步突破。

最後，則是量子計算對於複雜問題的優化可能性，這些複雜問題對於今天的電腦來說往往變數太多，例如，量子計算在複雜問題的一個用途將建立更好的金融市場模型，透過發明新數位來加強加密，並提高混亂和複雜領域的運營效率，如交易清算和對帳。包括衍生品定價、投資組合優化以及在高度複雜和不斷變化的情況下管理風險，都是量子系統可以處理的事情。

4.3.3　升級資訊時代

即便量子計算的發展面臨了諸多現實上的艱鉅挑戰，但量子計算依然是物理學家和電腦科學家數十年來引頸期盼的潛在革命性技術。除了能夠探索

更複雜的問題，量子電腦的發展根本上給人類社會帶來一場資訊化的升級，量子計算的加入或許可以幫助人們在未來以更快、更安全的方式處理數位化資訊。

眾所周知，人類歷史上發生了三次工業革命，第一次是蒸汽時代，第二次是電氣時代，第三次則是資訊時代。而以電腦為主角的第三次工業革命，目前又進一步進化為以網路、大數據和人工智慧為開端的第四次工業革命。在第三次和第四次工業革命中，電腦佔據著重要的主導地位，而作為電腦「大腦」的晶片，更是技術革命中的重中之重。

1965 年，英特爾（Intel）聯合創始人 GordonMoore 預測，積體電路上可容納的電晶體數量每隔 18 個月至 24 個月會增加一倍──此即為摩爾定律（Moore's law），它定義了資訊科技發展的速度。在摩爾定律應用的半個世紀裡，電腦得以進入千家萬戶，成為多數人不可或缺的工具，資訊科技從實驗室走進無數個家庭，全世界透過網際網路聯繫起來，人們的生活更因多媒體視聽設備而倍添豐富。

「摩爾定律」對整個世界意義深遠。然而，傳統電腦在以「矽電晶體」為基本元件結構延續摩爾定律的道路上，終將受到物理限制。電腦的發展過程中，電晶體愈做愈小，中間的阻隔也愈來愈薄；在 3nm 時，只有十幾個原子阻隔。在微觀體系下，電子會發生量子的穿隧效應，不能精準表示「0」和「1」，這也是常聽到的「摩爾定律碰到天花板」原因。

儘管研究人員們也提出了更換材料以增強電晶體內阻隔的想法，但事實是，無論用什麼材料，都無法阻止電子穿隧效應，然而這個困難點對於量子來說卻是天然的優勢，畢竟半導體就是量子力學的產物，晶片也是在科學家們認識電子的量子特性後研發而成。

此外，根據量子的疊加特性，量子計算就像是算力領域的「5G」，它帶來「快」的同時，也絕非速度本身的變化而已。例如，在圍棋比賽戰勝人類的 AlphaGo，其實從其最初研發到最終戰勝全球冠軍，一方面是因為 AI 演算法的「軟成長」，另一方面則是執行 AlphaGo 的 NPU 在算力上的「硬成長」；兩者之間任何一個要素的發展都可能導致最終結果上 AlphaGo 變得更聰明。

利用強大的運算能力，量子電腦有能力迅速完成電腦無法完成的計算，而量子計算在算力上帶來的成長，甚至有可能造就第四次人工智慧浪潮。目前，針對人工智慧發展的量子演算法，潛在應用包括了量子神經網路、自然語言處理、交通優化和影像處理等；其中，量子神經網路作為量子科學、資訊科學和認知科學多個學科交叉形成的研究領域，可以利用量子計算的強大算力提升神經計算的資訊處理能力。

就當前現況，量子計算雖然並不像傳統計算那樣具有通用性，但作為通往一個陌生新世界的門戶來到人類跟前，是一個讓我們能夠以修正的定義看待現今世界的入口。長遠來看，在全球布局和發展下，量子計算將極有可能徹底消除時間障礙，成本障礙也將隨之降低，未來或許將出現全新類型的機器學習形式，但在如通用傳統電腦的通用量子電腦成型之前，量子計算仍需要一段漫長的探索過程。

4.4　量子計算，離商業化還有多遠？

從 1981 年諾貝爾物理學家費曼首次提出量子電腦的概念，指出透過應用量子力學效應，能大幅提高電腦的運算速度，傳統電腦需要幾十億年才能破譯的密碼，量子電腦在二十分鐘內即可破譯到現在，量子計算理論已經發展了三十年有餘。

1994 年，美國的貝爾實驗室證明了量子電腦能完成對數運算，而且速度遠勝於傳統電腦；這也是量子計算理論提出後的第一次成功實驗。自此，各界陸續發現量子電腦的可行性，往後的十幾年，大量資金投入量子計算研究領域，量子電腦逐步由「實驗室階段」向「工程應用階段」邁進。

4.4.1　量子計算正吸金

如今，量子計算愈來愈受到重視。作為打破摩爾定律、實現電腦算力指數級增長的新興技術，量子計算吸引了無數科技公司與大型學術團體為其投入。

事實上，儘管對量子計算行業未來的預測各不相同，但幾乎所有觀點都認為其規模將是巨大的。正如量子資訊跟蹤網站「量子計算報告」的運營者 Doug Finke 所言：「我認為量子計算的市場到 2025 年前後將達到十億美元，並且有可能在 2030 年前達到 50 至 100 億美元。」後者的價值相當於今天高效能計算市場的 10~20%。根據 Honeywell 估計，未來三十年量子計算的價值可能達到一萬億美元。

根據波士頓顧問公司（The Boston Consulting Group, BCG）的預測，保守看來，至 2035 年，量子計算市場將達到二十億美金的規模。隨著採納率的提高，到 2050 年，市場規模將飆升至 2,600 億美元。如果當前桎梏量子計算發展的主要因素——物理量子位元的錯誤率——能夠顯著降低，那麼到 2035 年，量子計算市場規模將上看 600 億美元，並在 2050 年增加到 2,950 億美元。與之相比，當今全球商業及消費市場總規模為 8,000 億美元。

由於量子計算市場前景廣闊，因此不難理解為什麼量子計算的商業化能吸引到大量公共和私人的投資。主流風險投資以及大公司已經開始押注私人量子計算公司，諸如 Google、IBM、Honeywell 規模的企業正將大量資金

挹注到量子計算上，包括自研、私募股權投資、合作等手段。最近的一份報告指稱，僅 2021 年就有超過十億美元的私人投資用於量子計算研究。

其中，大多數專案、公司處於早期階段，多為種子輪、A 輪，甚至是孵化 / 加速狀態。值得注意的是，投資量子計算的主體有很大特殊性，由於量子計算的超強計算能力、量子密碼構成的通訊網路加密性，「國家隊投資」在其中扮演了不可或缺的推動力量。

事實上，除了主流投資機構、大型公司參與其中，類似美國能源部 DOE、CIA、NASA、加拿大 STDC、澳大利亞電信等「國家隊」角色也起了不小的助推作用，它們以捐贈、投資、孵化等形式推動量子計算的科研和商業化。例如，Google 的量子計算專案之一與 NASA 合作，將該技術的優化能力應用於太空旅行。

此外，美國政府也準備投入約 12 億美元到國家量子計畫（National Quantum Initiative Act, NQI）專案中；該專案在 2018 年末正式啟動，為學術界和私營部門的量子資訊科學研發提供總體框架。英國國家量子技術計畫（UK National Quantum Technologies Programme, NQTP）則是於 2013 年啟動，並承諾在十年內投入十億英鎊，目前該計畫已進入第二階段。

至於中國，儘管中國境內的科技公司比美國進入量子計算領域的時間晚，但近年來，行業領軍公司和科研院所已陸續在量子計算領域進行布局。2021 年中國全國兩會期間，量子資訊技術首次被提及，成為中國「十四五」重點突圍的核心技術之一，同時也是「國家安全和全面發展」的七大戰略領域其中一項。

中國科技巨頭方面，騰訊於 2017 年進軍量子計算領域，提出採用「ABC2.0」技術布局——即利用人工智慧、機器人和量子計算建構未來的

基礎設施；華為於 2012 年起開始從事量子計算的研究，成為華為中央研究院資料中心實驗室的重要研究領域，研究方向包括量子計算軟體、量子演算法與應用等；阿里巴巴則透過成立實驗室進行以硬體為核心的全棧式研發工作，另一方面建立生態，與產業鏈的上中下游合作夥伴探索落地應用。

可見，不論是科技公司還是初創公司，都對量子計算寄予厚望且滿懷著熱情。

4.2.2　中美之爭，點燃量子計算

量子技術遠遠超前目前任何一個國家所擁有的電腦領域相關技術，包括晶片技術以及持續研發的區塊鏈技術。因此，作為全球科技前沿的重大挑戰之一，量子計算也成為世界各國角逐的焦點，尤其是中美。

美國是最早將量子資訊技術列為國防與安全研發計畫的國家，也是進展最快的國家。早在 2002 年，美國國防部高級研究計畫局（DARPA）就制定了《量子資訊科學與技術規劃》；2018 年 6 月，美國透過《國家量子倡議法案》，計畫在十年內撥給能源部、國家標準與技術研究所和國家科學基金 12.75 億美元，全力推動量子科學發展。

就美國企業而言，Google 早在 2006 年就成立了量子計算專案。2019 年 10 月，Google 公司在《Nature》期刊上宣布使用 54 個量子位元處理器 Sycamore，實現了量子優越性；這是人類歷史上首次在實驗環境中驗證了量子優越性，《Nature》認為此舉在量子計算歷史上具有里程碑意義。

2020 年 8 月，Google 在量子電腦上模擬了迄今最大規模的化學反應，透過使用量子設備對分子電子能量進行 Hartree-Fock 計算，並透過變分量子本徵（variational quantum eigensolver, VQE）求解來進行糾錯處理，以

完善其效能，進而實現對化學過程進行準確的計算預測；這代表 Google 已經進入研製量子電腦的第二階段。

除了 Google 之外，2015 年，IBM 也在《自然通訊》（Nature Communications）上發表了使用超導材料製成的量子晶片原型電路；2020 年 8 月，實現了 64 個量子體積的量子電腦——量子體積是 IBM 提出用於測量量子電腦強大程度的一個效能指標。同年 9 月，IBM 發布了一份野心勃勃的路線圖：至 2023 年年底，IBM 可以建造出 1,000 量子位元的量子硬體。

英特爾則一直在研究多種量子位元類型，包括超導量子位元、矽自旋量子位元等。2018 年，英特爾成功設計、製造和交付 49 個量子位元的超導量子計算測試晶片「Tangle Lake」，算力相當於 5,000 顆八代 i7，並且允許研究人員評估改善誤差修正技術和模擬計算問題。

對於中國而言，要想在科技上掌握話語權、真正實現科技領域的超車，量子科學是十分關鍵的技術。根據「十四五」規劃，中國現已將量子資訊納入國家戰略科技力量和戰略性新興產業，加快布局量子計算、量子通訊、神經晶片、DNA 儲存等前沿技術，加強資訊科學與生命科學、材料等基礎學科的交叉創新，持續加碼相關的投入。

中國在量子計算獲得的突破和成就是顯著的：2020 年 12 月，中國首次宣稱實現了量子計算優越性，科學團隊製造的「九章」量子電腦可在幾分鐘內完成一個特定的計算，而世界上最強大的超級電腦卻需要二十多億年才能完成；隨後，中國又宣布成功研製 113 個光子的「九章二號」量子計算原型機，根據現已正式發表的最佳經典演算法理論，「九章二號」處理高斯玻色取樣的速度比目前最快的超級電腦快了 1,024 倍。同時，66 位元可程式設計超導量子計算原型機「祖沖之二號」實現超導體系「量子計算優越性」，計算複雜度比 Google 的 Sycamore 還高了六個量級。

　　儘管從實驗室到現實仍有距離，但量子科學的發展對人類文明帶來的重構是毋庸置疑的，尤其是量子糾纏、多維空間以及時空穿梭的探索。當這些技術不斷地被驗證、實現，當前所建立的物理學以及物理學基礎上所發展出來的科學認知觀念都將更新；就像太空探索一樣，人類終將登上月球。

4.2.3　技術需突破，規模難量產

　　量子計算的顛覆性是可預見的，但是，期望量子計算真正投入到有用的生產生活中，仍有一段路要走。由於技術仍處於開發階段，當量子科技從學術落地到企業商業化的過程中，該行業依然存在技術待突破、規模量產難行的現實困境。

　　當前，量子計算商業化仍停留在技術探索階段。雖然量子計算已經在理論與實驗層面獲得一些重大突破，包括美國、歐洲、中國在內的一些國家，都在量子技術層面取得了不同程度的突破與成就，同時也有一些相應的商業運用，但目前這些運用都還處於早期階段，或者說，處於技術的探索運用階段。

　　究其原因，一方面，打造量子電腦的前提是需要掌握和控制疊加和糾纏：如果沒有疊加，量子位元將表現得像古典位元，且不會處於可以同時執行許多計算的多重狀態；如果沒有糾纏，即使量子位元處於疊加狀態，也不能透過相互作用產生額外的洞察力，從而無法進行計算，因為每個量子位元的狀態將獨立於其他量子位元。

　　可以這麼說，量子位元創造商業價值的關鍵就是有效地管理疊加和糾纏。其中，量子疊加和糾纏的狀態也稱為「量子相干」的狀態，在此狀態下量子位元會相互糾纏，一個量子位元的變化會影響其他所有量子位元。為了實現量子計算，就需要保持所有的量子位元相干，然而，量子相干實體所組

成的系統和其周圍環境的相互作用，會導致量子性質快速消失，即「退相干」。

演算法設計的目的是減少閘的數量，以便在退相干和其他錯誤源破壞結果之前完成執行；這通常需要一個混合計算方案，將盡可能多的工作從量子電腦轉移到傳統電腦。目前，科學家們猜測，真正有用的量子電腦需要有 1,000 到 100,000 個量子位元；然而，諸如著名量子物理學家 Mikhail Dyakonov 等量子計算懷疑論者指出，描述有用的量子電腦狀態的大量連續參數也可能是其致命弱點。以 1,000 個量子位元機器為例，這意味著量子電腦有 21,000 個參數隨時描述其狀態。大約是 10,300 這個數字即大於宇宙中亞原子粒子的數量：「一個有用的量子電腦需要處理一組連續參數，這些參數大於可觀測宇宙中亞原子粒子的數量。」那麼，如何控制 10,300 個連續參數的錯誤？

根據科學家的說法，閾值定理證明這是可以做到的。他們的論點是，只要每個量子閘的每個量子位元錯誤低於某個閾值，無限長的量子計算將成為可能，代價是要大幅增加所需的量子位元數；額外的量子位元則需要透過使用多個物理量子位元形成邏輯量子位元來處理錯誤。這有點像電信系統中的糾錯，要使用額外的位元來驗證資料，但是這大大增加了要處理的物理量子位元數量，正如我們所見，已經超過了天文數字。這也讓我們看到了科學家和工程師必須克服的技術問題之龐大。

打個比方，對於傳統電腦中使用的典型 3V（伏）CMOS 邏輯電路，二進位 0 將是在 0V 和 1V 之間測量的任何電壓，而二進位 1 將是在 2V 和 3V 之間測量的任何電壓。如果將 0.5V 的雜訊添加到二進位 0 的訊號中，測量結果將為 0.5V，這仍將正確指示二進位值 0。因此，電腦對雜訊的抵抗力很強。

　　然而，對於一個典型的量子位元，0 和 1 之間的能量差僅為 $10 \sim 24$ 焦耳（這是 X 射線光子能量的十億分之一）。糾錯是量子計算中需要克服的最大障礙之一，令人擔憂的是，它會在輔助計算方面帶來巨大的開銷，從而難以發展量子電腦。

　　另外，從商業化角度來說，目前處於量子科技賽道的企業幾乎沒有實現累計盈利。由於技術壁壘較高，企業的研發投入動輒高達數十億，產品卻依舊在不斷試錯中，商業化難以開拓。以 IonQ 為例，身為一家專注於量子計算的獨角獸公司，根據該公司所發布的財報資料，2019 年與 2020 年，該公司實現收入 20 萬美元、0 美元，而淨虧損分別為 892.6 萬美元、1542.4 萬美元；投入資金大部分為研發費用，商業化程度極低。

　　Doug Finke 追蹤了兩百多家量子技術初創企業後，預計絕大多數在十年內將不復存在，至少不以目前的形式存在；他表示：「可能會有一些贏家，但也會有很多輸家，有些將倒閉、有些將被收購、有些將被合併。」

　　儘管目前的量子計算技術獲得了一系列的突破，現正處於不斷突破的道路上，世界各國政府也都極為重視，並投入了大量的財力與人力，但達成真正規模性商業化是一條漫漫長路，它需要的是對技術穩定性的要求，這與實驗性質或小規模應用有著本質上的差別。

　　目前量子計算技術面臨的核心問題還是在實證物理階段的困擾；理論物理階段已臻基本成熟，但進入實證物理階段的時候，我們需要讓這個難以琢磨又極度不穩定的量子糾纏成為一種可掌握的「穩定性」技術。

　　整體而言，量子計算的未來是樂觀的，而關於量子計算商業化的一切都才剛剛開始。到目前為止，我們可能只觸及量子計算的冰山一角，無論量子計算的首個實際應用是出自科技企業，還是試圖應用這項技術的銀行、製藥公司或製造商，這場關於量子計算的競賽都已經開始。

5
CHAPTER

上帝不會擲骰子

「我認為不管我有沒有看著月亮，月亮一直都在那裡。」

——物理學家，愛因斯坦

5.1 量子力學的世紀之爭

堪稱物理學界「諸神之戰」的第五屆索爾維會議（Solvay Conference）[9]，絕對是量子理論發展史上最負盛名的一場會議，在這場會議中，當代物理界的頂尖科學家齊聚一堂，堪稱是物理學全明星陣容；也正是這場會議，拉開了愛因斯坦和波耳關於量子力學巔峰之戰的序幕。

實際上，正因為愛因斯坦和波耳這兩位大師不斷論戰，量子力學才在辯論中日趨成熟，補齊了量子力學諸多重要的理論。愛因斯坦一直對量子論及波耳一派的解釋持懷疑態度，他提出了一個又一個的思想實驗，企圖證明量子論及正統詮釋的不完備性和荒謬性；直到兩人逝世之後，這場論戰仍在物理學界繼續進行著。但遺憾的是，每次的實驗結果似乎都沒有站在愛因斯坦這邊，這位古典物理學界的泰斗，在量子理論上似乎也栽了跟斗。

5.1.1 愛因斯坦不相信量子力學

根據量子力學的原理，就像賭博，**世界本身就是一場碰運氣的遊戲**。宇宙中所有的物質都是由原子和亞原子組成，而掌控原子和亞原子的是可能性而非必然性。在本質上，這種理論認為自然是建立在偶然性的基礎上，而這個論點與人的直觀感覺相悖，所以很多人一時覺得難以接受，其中一位就是愛因斯坦。

愛因斯坦和波耳都是量子力學的開創者和奠基人，但他們對量子理論的詮釋卻是針鋒相對、各執己見。愛因斯坦實在難以相信現實世界的本質居然

---

❾ 編註：由國際物理學協會（Institut International de Physique Solvay）舉辦、每三年一次的國際物理學會議。

是由機率決定的，以至於說出了「上帝不會擲骰子」這句流傳後世的名言；也正是因為愛因斯坦的不相信，拉開了一場關於量子力學的世紀之爭。

愛因斯坦的觀點可以用其名言「上帝不會擲骰子」來概括。他強調量子力學不可能有超距作用，意味著他堅持古典理論的「局域性」。

愛因斯坦認為：古典物理中的三個基本假設——守恆律、確定性和局域性，局域性應當是古典力學和量子力學所共有的。守恆律（law of conservation）指的是一個系統中某個物理量不隨著時間改變的定律，包括能量守恆、動量守恆、角動量守恆等；確定性說的則是從古典物理規律出發能夠得到確定的解，例如透過牛頓力學可以得到物體在給定時刻的確定位置。

局域性也叫作定域性（principle of locality），認為一個特定物體只能受到它周圍的力影響，也就是說，兩個物體之間的相互作用必須以波或粒子作為媒介才能傳播。根據相對論，資訊傳遞速度不能超過光速，所以在某一點發生的事件不可能立即影響到另一點，因此，愛因斯坦才會在文章中將兩個粒子間暫態的相互作用稱為**「幽靈般的超距作用」**。值得一提的是，量子理論之前的古典物理也都是局域性理論。

而波耳則認為，測量可以改變一切。他認為沒有測量或觀察粒子之前，粒子的特性都是不確定的；舉例來說，雙縫實驗裡的電子，在偵測器精確測出其位置之前，幾乎可以出現在機率預測範圍內的任何地方，直到你觀察到它們的那一刻，也只有在這一刻其所在位置的不確定性才會消失。

根據波耳的量子力學原理，測量一個粒子時，測量這個行為本身就會迫使粒子放棄它原本可能存在的地方，而選擇一個明確的位置，也就是我們發現它的地方——是測量行為本身迫使粒子做出了這個選擇。

波耳認為，現實世界的本質原本就是模糊、不確定的，然而愛因斯坦卻不這麼想，他相信事物的確定性，認為事物並非在測量或觀察時才存在，而是一直都存在。愛因斯坦說：「我認為不管我有沒有看著月亮，月亮一直都在那裡。」因而愛因斯坦確信量子理論還不夠完整，它缺少描述粒子細節特徵的部分，例如我們沒有看到粒子時、粒子所在的位置；不過當時幾乎沒有物理學家與他的想法相同。儘管愛因斯坦一直質疑，波耳還是堅持自己的想法，當愛因斯坦重複那句「**上帝不會擲骰子**」時，波耳則回應「**別告訴上帝他該怎麼做**」。

於是，在第五屆索爾維會議中，愛因斯坦和波耳進行了第一回合的較量：愛因斯坦假設了一個思想實驗，針對的就是海森堡不確定性原理。

根據海森堡不確定性原理，動量和位置的資訊不能同時知道，知道了其中一個、另一個就一定被改變，這就是量子世界內在的不確定性。基於此，愛因斯坦提出了一個升級版的單縫實驗。

單縫實驗本身是說當縫隙變小了之後，位置資訊的不確定性縮小的同時，動量資訊的不確定性就增加，因此會出現衍射波紋。愛因斯坦升級了這個實驗，給這個單縫的遮擋板加上了一個彈簧，使這個擋板可以上下垂直運動。那麼，當電子透過縫隙的時候，就會使彈簧受到電子動量的影響發生上下垂直運動，而電子透過縫隙的時候，位置資訊就已經確定了。根據動量守恆原理，只要再觀察彈簧的運動狀況就可以反推出電子的動量，這就等於同時知道了電子的位置和動量資訊。

面對愛因斯坦的思想實驗，波耳在和一眾物理學家們討論也得出了結論，那就是：既然這個彈簧的敏感度可以達到對一個電子的動量產生反應，也就是說這個實驗器材也是量子層面的，既然整個實驗都在量子世界做，那麼這個彈簧自身的位置資訊和動量資訊就是存在不確定性，所以無法透過觀察彈簧的動量來反推電子的動量。

可以說，愛因斯坦混淆了量子世界和宏觀世界，因為愛因斯坦是拿著宏觀世界的邏輯在做微觀實驗，既然彈簧也是量子尺度，那麼它自身也要有不確定性。到這裡，這個實驗就被波耳成功推翻了。於是，1927 年的論戰，波耳拿下一勝，當然，這還只是這場論戰的開場戲而已。

5.1.2 「光子盒」的挑戰

第一回合略遜一籌的愛因斯坦當然不甘心止步於此，之後的幾年，愛因斯坦冥思苦想，終於在 1930 年的第六屆索爾維會議上再次發動了質疑。

1930 年秋，第六屆索爾維會議在布魯塞爾召開。早有準備的愛因斯坦在會上向波耳提出了他著名的思想實驗——「光子盒」。這一次，愛因斯坦攻擊的是海森堡不確定性原理當中的另一對不確定性：時間和質量。根據海森堡不確定性原理，縮小時間的不確定性時，質量的不確定性就會增加，因為量子世界基本粒子的能階是可以躍遷的。而根據愛因斯坦的狹義相對論，能量和質量是可以轉換的，換句話說，基本粒子的質量總是在變的。

於是，愛因斯坦假設一側有一個小洞的盒子，洞口有一塊擋板，裡面放了一只能控制擋板開關的機械鐘，小盒裡裝有一定數量的輻射物質。這只鐘能在某一時刻將小洞打開，放出一個光子來，這樣，它跑出的時間就可精確地測量出來。同時，小盒懸掛在彈簧秤上，小盒所減少的質量，即光子的質量便可測得，然後利用質能關係 $E = mc^2$ 便可得到能量的損失，這樣，時間和能量都同時測準了；由此可以說明測不準關係不成立，波耳一派的觀點是不對的。

波耳在聽完愛因斯坦的光子盒試驗後，卻是愣住了。妙的是，第二天波耳居然「以其人之道，還治其人之身」，找到了一段最精彩的說辭，用愛因斯坦自己的廣義相對論理論，戲劇性地指出了愛因斯坦這個思想實驗的缺陷。

波耳指出：光子跑出後，掛在彈簧秤上的小盒質量變輕即會上移，而根據廣義相對論，如果時鐘沿重力方向發生位移，它的快慢會發生變化，這樣的話，那個小盒裡機械鐘讀出的時間就會因為這個光子的跑出而有所改變。換言之，如果要用這種裝置測定光子的能量，就不能夠精確控制光子逸出的時刻；也就是說，利用廣義相對論理論中的紅移公式，波耳反而推出了能量和時間遵循的測不準關係。

這下子，輪到愛因斯坦目瞪口呆了。儘管愛因斯坦仍然沒有被說服，但此後愛因斯坦確實有所退讓，承認了波耳對量子力學的解釋不存在邏輯上的缺陷。

5.2 被糾纏的愛因斯坦

1935 年，愛因斯坦和波耳進行了關於量子理論論戰的第三個回合，也讓這場論戰達到了它的巔峰。而這場論戰誕生了一個非常重要的成果，就是**量子糾纏**。

5.2.1 解釋不通，穿越時空

在愛因斯坦和波耳的爭論中，為了證明量子力學的荒謬，愛因斯坦、研究員波多爾斯基（Boris Podolsky）、羅森（Nathan Rosen）於 1935 年聯合發表了論文《物理實在的量子力學描述能否被認為是完備的？》，後人稱之為 EPR 文章（EPR 即是三人名字的字首縮寫）。這篇文章的論證被稱為「EPR 悖論（EPR 弔詭）」（EPR paradox）或愛因斯坦定域實在論。愛因斯坦在論文中第一次使用了一個超強武器，就是後來被薛丁格命名的「量子糾纏」。

　　愛因斯坦構想出一個思想實驗，描述了一個不穩定的大粒子衰變成兩個小粒子（A 和 B）的情況：大粒子分裂成兩個同樣的小粒子；小粒子獲得動能後，分別向相反的兩個方向飛出去。如果粒子 A 的自旋為上，粒子 B 的自旋便一定是下，才能保持總體的自旋守恆，反之亦然。

　　根據量子力學的說法，測量前的兩個粒子應該處於疊加態，如「A 上 B 下」和「A 下 B 上」各占一定機率的疊加態（例如，機率各為 50%）。然後，我們對 A 進行測量，A 的狀態便在一瞬間坍縮了，如果 A 的狀態坍縮為上，因為守恆的緣故，B 的狀態就一定為下。

　　但是，假如 A 和 B 之間已經相隔非常遙遠，例如幾萬光年，按照量子力學的理論，B 也應該是上下各一半的機率，為什麼它能夠在 A 坍縮的那一瞬間，做到總是選擇下呢？難道 A 和 B 之間有某種方式及時地「互通消息」？就算假設它們能夠互相感知，它們之間傳遞的訊號需要在一瞬間跨越幾萬光年，這個傳遞速度已經超過了光速，而這種超距作用又是現有物理知識不容許的。於是，愛因斯坦認為：這就構成了**悖論（弔詭）**。

　　薛丁格讀完 EPR 論文之後，用德文寫了一封信給愛因斯坦。在這封信裡，他最先使用了術語 Verschränkung（意思是「糾纏」），這是為了要形容在 EPR 思想實驗裡，兩個暫時耦合的粒子不再耦合之後，彼此之間仍舊維持的關聯。

　　EPR 悖論也得到了波耳的回應。他認為，因為兩個粒子形成了一個互相糾纏的整體，用一個波函數來表示，所以當測量 A 的動量同時，就已經破壞了 B 的位置資訊，再去測量 B 的時候，B 的位置資訊已經不是測量 A 之前的位置，反過來也一樣；只要一碰 B，A 也會跟著有變化，這兩個粒子就等於是糾纏在一起，所以還是無法同時獲得一個粒子的位置和動量的資訊。意思是，既然 A 和 B 是協調相關的一體，它們之間便無須傳遞什麼資訊。

當然，愛因斯坦也沒有接受波耳這種古怪的說法，兩個人直至離世，觀點的分歧依然沒有一個定論。

5.2.2　貝爾的不等式

愛因斯坦一方堅持認定量子糾纏的隨機性是表面現象，背後可能藏有「隱藏變數」，貝爾（John Stewart Bell）本人也支持這個觀點。為了證明愛因斯坦的隱藏變數觀點是正確的，貝爾假設了一個實驗。

根據出生確定論，這些光子的偏振方向都是已經確定好了的，對一個光子的測量結果和對另一個光子的測量結果無關。但在量子力學中，對一個光子的測量結果必然影響另一個光子的測量結果。

舉例，我們做四次實驗，分別把左右兩邊的偏振片置於（0°，0°）、（30°，0°）、（0°，-30°）、（30°，-30°）的角度。第一種情況，所有的光子都能通過偏振片；第二與第三種情況，是分別選擇每一邊的偏振片；而第四種情況，是兩邊的偏振片都旋轉。簡單來說，如果對一個光子的測量結果和對另一個光子的測量結果無關，那麼兩邊的偏振片都旋轉的結果小於等於每一邊偏振片分別旋轉的結果之和，這就是**貝爾不等式（Bell's inequality）**。但根據量子理論，對一個光子的測量結果必然影響另一個光子的測量結果，那麼，就會出現兩邊偏振片都旋轉的結果大於每一邊偏振片分別旋轉的結果之和的情況。

也就是說，如果該不等式成立，愛因斯坦獲勝；如果該不等式不成立，則波耳獲勝。因此，貝爾不等式將愛因斯坦等人提出的 EPR 悖論中的思想實驗，轉化為真實可行的物理實驗。儘管貝爾的原意是支持愛因斯坦，試圖找出量子系統中的隱藏變數，但他的不等式導致的實驗結果並沒能成為愛因斯坦理論的支持。

終於，1946 年，**物理學家約翰惠勒成為提出用光子實現糾纏態實驗的第一人**。具體來說，光是一種波動，並且有其振動方向，就像平常見到的水波在往前傳播的時候，水面的每個特定位置也在上下振動一樣，上下就是水波的振動方向。一般的自然光由多種振動方向的光線隨機混合在一起，但讓自然光通過一片特定方向的偏振片之後，光的振動方向便被限制，成為只沿某一方向振動的「偏振光」。例如，偏光太陽眼鏡的鏡片就是一個偏振片。可以將偏振片想像成在一定的方向上有一些「偏振狹縫」，只能允許在這個方向振動的光線通過，其餘方向的光線大多數被吸收了。

在實驗室，科學家們可以使用偏振片來測定和轉換光的偏振方向。光線可以取不同的線性偏振方向，相互垂直的偏振方向可模擬電子自旋的上下，因此，將用自旋描述的糾纏態稍做修正，同樣適用於光子。

也就是說，如果偏振光的振動方向與偏振片的軸一致，光線就可以通過；如果振動方向與檢偏垂直，光線就不能通過。如果兩者成 45° 角，就會有一半的光通過、另一半不能通過。在量子理論中，光具有波粒二象性，且在實驗室中完全可以使用降低光強度的方法，讓光源發出一個個分離的光子。

要知道，單個光子也具有偏振資訊。對於單個光子來說，進入檢偏器後只有「通過」和「不過」兩種結果，因此，在入射光子偏振方向與檢偏方向成 45° 角時，每個光子有 50% 機率通過、50% 機率不通過。如果這個角度不是 45°，是一個別的角度，通過的機率也將是另外一個角相關的數。

這意味著光子既可以實現糾纏，又攜帶著偏振這樣易於測量的性質，因此科學家們完全可以用它們來設計實驗，檢驗愛因斯坦提出的 EPR 悖論。

約翰惠勒正是利用光子的這種特性，指出了「正負電子對湮滅後生成的一對光子應該具有兩個不同的偏振方向」。1950 年，吳健雄和沙卡洛夫

（Andrei Sakharov）發表論文宣布成功地實現這個實驗，證實了惠勒的思想，生成歷史上第一對偏振方向相反的糾纏光子。

5.2.3　為量子糾纏正名

　　兩個相距遙遠的陌生人不約而同地想做同一件事，好像有一根無形的線繩牽引著他們，這種神奇現象就是所謂的「心靈感應」，而「量子糾纏」也與此類似。**量子糾纏是指在微觀世界裡，有共同來源的兩個微觀粒子之間存在糾纏關係**，這兩個糾纏在一起的粒子就好比一對有心電感應的雙胞胎，不論兩人距離多遠，只要當其中一個人的狀態發生變化，另一個人的狀態也會跟著發生一樣的變化。也就是說，不管這兩個粒子距離多遠，只要一個粒子的狀態發生變化，就能立即使另一個粒子的狀態發生相應變化。

　　北京時間 2022 年 10 月 4 日 17 時 45 分，2022 年諾貝爾物理學獎公布，授予法國學者阿蘭阿斯佩（Alain Aspect）、美國學者約翰克勞澤（John F. Clauser）和奧地利學者安東塞林格（Anton Zeilinger），以表彰他們「用糾纏光子進行實驗，證偽了貝爾不等式，開創量子資訊科學」。今年的諾貝爾物理學獎授予這三名物理學家，既是因為他們的開創性研究為量子資訊學奠定了基礎，也是對量子力學和量子糾纏理論的承認。

　　克勞澤教授發展了貝爾的想法，並進行一個實際的量子糾纏實驗：他建造一個裝置，一次發射兩個糾纏光子，每個都打向檢測偏振的濾光片。1972 年，他與博士生 Stuart Jay Freedman 一起展示了一個明顯違反貝爾不等式的結果，並與量子力學的預測一致。用實驗檢驗貝爾不等式，根本目的在於驗證量子系統中是否存在隱藏變數，即檢驗量子力學到底是定域性還是非定域性。

　　但克勞澤實驗仍然存在一些漏洞——局限之一是，該實驗在製備和捕獲粒子方面效率低下，而且由於測量預先設置好，濾光片的角度是固定的，因此存在著漏洞。隨後，阿斯佩教授改善了此實驗，他在糾纏粒子離開發射源後，切換了測量設置，因此粒子發射時存在的設置不會影響到實驗結果。

　　此外，透過精密的工具和一系列實驗，塞林格教授開始使用糾纏態量子。他的研究團隊還展示了一種稱為「**量子隱形傳態**」（quantum teleportation，**亦稱為量子遙傳**）的現象，這使得量子在一定距離內從一個粒子移動到另一個粒子成為可能。

　　從貝爾不等式的提出，到克勞澤等人的第一次實驗，到後來對於漏洞的補充和驗證至今，已經過去了五十多年。所有的這些測試實驗都支持量子理論，判定定域實在論是失敗的。三位物理學家對於量子力學的長期研究工作，最終為量子糾纏正了名，對現代科技的影響意義重大，而愛因斯坦和波耳的世紀之爭至此也有了結果。

5.3　量子糾纏成為強大工具

　　量子糾纏就是不管這兩個粒子距離多遠，只要一個粒子的狀態發生變化，就能瞬間使另一個粒子的狀態發生相應變化。而一個粒子受另一個粒子的變化而變化所需要的時間則是超光速的，這有點類似於科幻世界裡的「瞬移」，只不過，瞬間移動的不是物體，而僅僅是狀態，而且是微觀粒子的某些特殊狀態。

　　如此神奇的量子糾纏，成為許多科學狂想的理論基礎，其中比較典型的，就是量子通訊。

5.3.1　從量子糾纏到量子通訊

　　量子有許多古典物理所沒有的奇妙特性，量子糾纏正是其中突出的特性之一。**根據量子糾纏原理，宇宙中任何一個粒子都有「雙胞胎」，兩者即使相隔一整個宇宙的距離，也仍然一直保持同步且同樣的變化；一對粒子同步同樣變化的狀態，就是量子糾纏態。**

　　處於量子糾纏的兩個粒子，無論分離多遠，它們之間都存在一種神祕的關聯，只要一個粒子的狀態發生變化，就能立即使另一個粒子的狀態發生相應變化。也就是說，我們可以透過測量其中一個粒子的狀態來得知另一個的資訊。

　　量子的另一個奇妙特性是，它具有測量的隨機性和不可複製的屬性——任何測量都會破壞量子原本的狀態。從測量的隨機性來看，在量子力學裡，光子可以朝著某個方向進行振動，這就叫作偏振；因為量子疊加，一個光子可以同時處在水平偏振和垂直偏振兩個量子狀態的疊加態。這時，如果我們拿一個儀器在這兩個方向上進行測量，就會發現每次測量都只會得到其中一個結果：水平的或垂直的，而測量的結果完全隨機。

　　在日常的宏觀世界裡，一個物體的速度和位置，一般是可以同時準確測定的。例如，我們要測量一架飛機，雷達可以把飛機的速度、位置同時準確測定，然而在量子世界，測量卻會破壞或改變量子的狀態：如果測得一個量子的位置，就無法再測得它的速度。既然測量量子的狀態會出現隨機的結果，那麼人們自然無法對一個不知道其狀態的量子進行複製。

　　在量子測的隨機性和不可複製的特性下，根據量子特性的通訊幾乎不可能破譯。傳統通訊的金鑰都是根據十分複雜的數學演算法，只要是透過演算法加密，人們就可以藉由計算進行破解；而量子通訊則可免於受破譯和竊聽的攻擊，這點在數學上已經獲得了嚴格的證明。

在量子糾纏、量子測量隨機性以及不可複製的三大特性下，量子通訊的安全性也獲得了保證。在量子密碼共用或量子態傳輸過程中，如果有人竊聽，它的狀態必然會因竊聽（測量）發生改變，密碼接收的誤碼率會明顯增加，進而引起發送者和接收者的警覺、停止該通道的發送。

5.3.2 讓通訊絕對安全

作為新一代通訊技術，量子通訊為資訊提供避免被竊聽或被計算破解的絕對安全保障，而這正是傳統通訊所缺乏的。

保密和竊密的舉動自古有之，「道高一尺，魔高一丈」，兩者間永遠進行著不停升級的智力角逐。人們不斷研發現代保密通訊技術，不僅是為了保護個人隱私，也是為了商業、政治之間的資安防護目的。

然而，密碼總存在被破譯的風險，尤其是在量子計算出現以後，對現今許多密碼進行破譯幾乎易如反掌。

具體來說，在密碼學中，需要祕密傳遞的文字稱為「明文」，將明文用某種方法改造後的文字叫作「密文」；將明文變成密文的過程叫「加密」，與之相反的過程則稱為「解密」，而加密和解密時使用的規則稱為「金鑰」。現代通訊中，通常金鑰是某種電腦演算法。

在對稱加密技術中，資訊的發送方和接收方共用同樣的金鑰，解密演算法是加密演算法的逆演算法。這種方法簡單、技術成熟，但由於需要透過另一條通道傳遞金鑰，所以難以保證資訊的安全傳遞——一旦金鑰被攔截，資訊內容就曝露了，因此才發展出了非對稱加密技術。

在非對稱加密技術中，每個人在接收資訊之前，都會產生自己的一對金鑰，包含一個公開金鑰和一個私密金鑰，公開金鑰用於加密，私密金鑰用於

解密。加密演算法是公開的，解密演算法是保密的；加密解密不對稱，發送方與接收方也不對稱，因此稱為非對稱加密技術。從私密金鑰的演算法可以輕易得到公開金鑰，而有了公開金鑰卻極難得到私密金鑰；也就是說，這是一種正向操作容易、逆向操作極為困難的演算法。目前常用的 RSA 密碼系統的作用即在於此。

RSA 演算法是 Ron Rivest、Adi Shamir、Leonard Adleman 三人發明的，以他們姓氏中第一個字母來命名。該演算法根據一個簡單的數論事實：將兩個質數相乘較為容易，反過來，將其乘積進行因式分解而找到構成它的質數卻非常困難。

例如，計算 17×37=629 很簡單，但如果反過來，給你 629，要你找出它的因數就困難多了。況且，正向計算與逆向計算難度的差異會隨著數值增加而急劇擴大。對傳統電腦而言，破解高位數的 RSA 密碼基本上是不可能的：每一秒鐘能進行 1,012 次運算的機器，要破解一個 300 位元的 RSA 密碼需要花上 15 萬年。但這項任務對於量子電腦卻易如反掌，使用秀爾演算法的量子電腦，只需一秒鐘便能破解上述 300 位元的密碼。

顯然，未來傳統加密演算法將隨著量子電腦的出現而變得脆弱。儘管目前最先進的量子電腦只有 70 位元，但在可預見的將來，量子計算的飛速發展將迫使開發出更先進的加密演算法或者使用「嚴格安全」的量子通訊。

量子通訊還有一個好處，就是無法被竊聽。稜鏡計畫[10]事件令全球通訊基礎設施的安全性接受考驗，除了強大的加密演算法，如何防止資訊被竊聽也是資訊安全的重要因素。對於無線通訊，無線電頻譜是共用的，加密演算法極其重要，但金鑰容易被竊取且難做到一文一密；對於光纖通訊，使用探

---

❿ 　編註：稜鏡計畫（PRISM）是美國小布希執政時期，因 911 事件而展開的網路監視聽計
　　畫──「US-984XN」，該計畫在 2013 年遭到愛德華史諾登披露因而曝光。之後美國名
　　導奧利佛史東將此事件拍成電影《神鬼駭客：史諾登》（Snowden）。

針技術可輕易獲取光訊號而不被通訊雙方發現；對於量子通訊，首先單光子不可分割，竊聽者無法獲取完整的金鑰，並且由於量子「測不準」原理，一旦竊聽者對光訊號實施測量就會改變光子的量子態，從而令通訊雙方的金鑰比對不一致，竊聽就會被發現。

可以說，在這個資訊安全愈加引發人人自危的今天，量子通訊的發展勢將成為一種必然——它的魅力就在於其可以突破經典資訊系統的現有極限，這對於缺乏資訊安全的現代社會來說，是極大的安全感。

5.3.3 量子通訊會取代傳統通訊嗎？

目前，隨著量子通訊的發展與進步，保密措施變得愈來愈複雜、也愈來愈可靠，人類更同時致力於將量子保密通訊朝更遠距離和更大規模的廣域網路（WAN）發展。

例如，量子通訊對軍事、國防、金融等領域的資訊安全有著重大的潛在應用價值和發展前景。在國防和軍事領域，量子通訊能夠應用於通訊金鑰生成與分發系統，向未來戰場覆蓋區域內任意兩個使用者分發量子金鑰，構成作戰區域內機動的安全軍事通訊網路。量子通訊不僅可用於軍事、國防等的國家級保密通訊，還可用於涉及祕密資料、票據的政府、電信、證券、保險、銀行、工商、地稅、財政等領域和部門。

此外，量子通訊還能夠應用在資訊對抗，改進軍用光網資訊傳輸保密性，提高資訊保護和資訊對抗能力，並可應用於深海安全通訊，為遠洋深海安全通訊開闢嶄新途徑。利用量子隱形傳態以及量子通訊絕對安全性、超大通道容量、超高通訊速率、遠距離傳輸和資訊高效率等特點，將建立滿足軍事特殊需求的軍事資訊網路，為國防和軍事贏得先機。

在國民經濟領域，量子通訊則可用於金融機構的隱匿通訊等工程，以及對電網、煤氣管網和自來水管網等重要基礎設施的監視和通訊提供保障。

值得一提的是，量子通訊雖然具有革命性的力量，但並不是為了取代傳統通訊而生。量子通訊和傳統通訊是兩種不同的通訊形式，量子通訊的出現是為了讓傳統的數位通訊變得更安全。

實際上，無論是量子密鑰分發還是量子隱形傳態，都離不開傳統通訊的「標準通道」。對於量子密鑰分發來說，收發雙方需要透過傳統通道比對測量方式，從隨機的測量方式中挑選出一樣的那部分，只有這部分量子測量出的結果才能作為無條件安全的量子金鑰使用。

對於量子隱形傳態來說，收發雙方同樣需要透過傳統通道比對測量方式，這樣接收方才能做出正確的操作，正確還原出傳輸的量子位元。量子隱形傳態利用的是量子糾纏，這個傳統通道的存在使得單純靠量子糾纏無法傳送量子位元，因此超過光速的量子糾纏無法超光速傳遞資訊，這樣就不會違反相對論。

因此可以說，量子通訊其實是傳統通訊之外的一個新戰場、一個新的發展機遇。對於通訊產業來說，傳統通訊好比是煤炭燃燒的化學能，量子通訊是電能，大部分電能離不開化學能，而量子通訊也離不開傳統通訊。

電能還將對化學能有所繼承和發展，使得電能可以應用在更多地方、更好控制機器，並且能夠處理和傳輸資訊。量子通訊對傳統通訊的繼承和發展則是：一方面讓傳統通訊變得更安全，資訊不會被半路攔截；另一方面，量子位元還可以突破傳統數位通訊的限制，提升資訊傳輸效率。

說到底，量子通訊的魅力就在於突破現有的傳統資訊系統極限。從理論走向現實應用，量子通訊正在升級資訊時代、引發一場關於通訊的技術變革。

5.4　量子通訊，決勝未來

　　作為量子資訊科學的重要分支，量子通訊是利用量子態作為資訊載體來進行資訊交換的通訊技術，現階段的典型應用形式包括**量子密鑰分發**（quantum key distribution, QKD）和**量子隱形傳態**（quantum teleportation, QT）等：量子密鑰分發可用來實現傳統資訊的安全傳輸；而量子隱形傳態是傳遞量子資訊的有效手段，可望成為分散式量子計算網路等應用中的主要資訊對話模式。

5.4.1　量子密鑰分發：讓資訊不再被竊聽

　　簡單來說，量子密鑰分發（QKD）就是在資訊收發雙方進行安全的密鑰共用，借助一次一密（one-time pad, OTP）的加密方式實現雙方的安全通訊，利用量子的不可測性和不可複製性實現資訊的不可竊聽。這首先需要在收發雙方間實現無法被竊聽的安全金鑰共用，之後再與傳統保密通訊技術相結合完成傳統資訊的加解密和安全傳輸。

　　從 1984 年第一個 QKD 協定——BB84 協定——被提出，量子密鑰分發就走上了快車道，無論是對其安全性的研究完善，或是相關技術的應用落地，均證明了量子密鑰分發在抵抗量子計算及建立量子通訊網中的重要性。

　　量子密鑰分發的第一個協定——BB84 協定，是美國物理學家 Charles H.Bennett 和加拿大密碼學家 Gilles Brassard 在 1984 年所提出，BB84 正是得名於兩人姓氏的第一個字母及提出年份。

　　BB84 協定屬於兩點式通訊架構，即有一個發送端（Alice）和一個測量端（Bob）。首先，Alice 在單光子的偏振維度上選用兩組非正交基底以及每組基底下兩個正交偏振態（直角基底下的 H 偏振、V 偏振，以及斜角基

底下的＋ 45° 偏振、-45° 偏振）。根據 0 和 1 經典的二進位位元資訊亂數，Alice 將光源編碼成相應偏振的單光子量子態——H 偏振態及 -45° 偏振態代表古典位元資訊 0，V 偏振態及＋ 45° 偏振態代表古典位元資訊 1——進行傳輸，同時 Bob 也隨機選用直角基底以及斜角基底之一進行測量並記錄結果。

當實驗進行一段時間後，Alice 和 Bob 在一個認證的公共通道上公布所選用的基底資訊，然後各自保留所選的相同基底下的資訊即可獲得篩後金鑰，再各自從篩後金鑰中取樣一段進行資訊比對一致性，當錯誤率超過一定界限即認為此次通訊不安全，放棄該次通訊產生的金鑰，然後再進行下一次通訊，直至篩後金鑰比對的結果滿足錯誤率要求，最後進行資料後處理（糾錯和隱私放大等），使 Alice 和 Bob 共用一段相同的安全金鑰。

由於金鑰分發過程中，Alice 和 Bob 所選用的基底是隨機的，且兩組基底是非正交，入侵者若要竊聽，就需要對這些未知的單量子態進行測量，因為測不準原理，被測量的量子態必然會產生隨機的測量結果，最終導致 Alice 和 Bob 篩後金鑰比對的結果錯誤率提高，進而使入侵者被發現。此外，量子金鑰分配方法除了 BB84 協定，還有 E91 協定。

量子金鑰分配技術中，金鑰的每一位元是靠單光子傳送，單光子的量子行為使得竊密者企圖截獲並複製光子狀態而不被察覺成為不可能。但在普通光通訊中，每個脈衝包含千千萬萬個光子，其中單光子的量子行為被群體的統計行為所淹沒，竊密者在海量光子流中截取一小部分光子根本無法被通訊兩端使用者所察覺，因而傳送的金鑰是不安全的，用不安全金鑰加密後的資料一定也不安全，而量子金鑰分配技術的關鍵就是產生、傳送和檢測具有多種偏振態的單光子流，特種的偏振濾色片，單光子感應器和超低溫環境使得這種技術成為可能。

　　不過，量子金鑰分配光纖網路上傳送的是單個光子序列，因此，資料傳輸速度遠遠低於普通光纖通訊網路，它不能用來傳送大量的資料檔案和圖片，而是專門用來傳送對稱密碼體制中的金鑰，當通訊雙方交換並確認共用了絕對安全的金鑰後，再用此金鑰對大量資料加密後在不安全的高速網路上傳送。

　　儘管量子密鑰分發已取得眾多重要研究成果，但目前仍然面臨諸多難題。

　　量子密鑰分發的理想情況是，利用貝爾不等式的統計特性，只需透過實驗檢驗這些非經典關聯，就能驗證生成金鑰的安全性，而不要求雙方使用的器件可信。但在實際情況中，要達到這種級別的安全性，對實驗器件有著嚴苛的要求，由於現實中實驗器件不完美，使得真實系統的量子密鑰分發可能會存在一些安全性隱憂。幸運的是，在全球學術界三十餘年的共同努力下，目前結合「測量器件無關量子密鑰分發」協議和經過精確標定、自主可控光源的量子通訊系統已經可以提供現實條件下的安全性。

　　如何獲得更高的成碼率（金鑰生成速率）以及更遠的金鑰傳輸距離，依然是當前量子密鑰分發需面對的問題。在成碼率方面，東芝歐研所 A. J. Shields 團隊於 2014 年在 50 公里光纖距離下獲得 1.2 Mbps 的成碼率；在傳輸距離方面，中國科學技術大學潘建偉團隊於 2017 年根據墨子號量子科學實驗衛星實現了 1,200 公里自由空間的量子密鑰分發；日內瓦大學 Hugo Zbinden 團隊於 2018 年實現了 421 公里光纖的量子密鑰分發。

　　即便如此，這些量子密鑰分發的理論和實驗工作，依然沒有突破無中繼情形下量子密鑰分發成碼率 - 距離的極限——意即，接收設備不產生任何探測雜訊時，該距離下的成碼率。而且，上述實際量子密鑰分發系統還會進一步限制在成碼率 - 距離的極限之內，因為測量設備存在一定雜訊，雜訊會降低傳輸的成碼率。隨著傳輸距離愈來愈長，通道衰減愈來愈大，測量設備所

能測量到的訊號計數也愈來愈少，而測量設備產生的雜訊在訊號中占比愈來愈大，當雜訊占比超過一定界線，傳輸過程便不能生成金鑰。

5.4.2　應用場景正在展開

≫ 資料中心備份及業務連續性場景

在不同的資料中心之間進行資料備份及業務連續性等業務時，量子保密通訊可以用於保障資料中心之間資料傳輸的安全性。資料中心間的鏈路加密機可透過 QKD 按需更換金鑰，滿足企業、用戶的高安全資料傳輸需求。

≫ 政府與企業專網保護場景

量子保密通訊可用於保護政府與企業專網基礎設施及其服務的安全性。企業或政府機構通常要求通訊服務提供高度的機密性、完整性和真實性，需要強制性地採用專用的安全系統。目前通常採用基於 IPSec 或 TLS 的安全虛擬私人網路（VPN）技術來對資料中心與分支機構之間的流量進行認證和加密，而 QKD 鏈路加密機可以與這些技術結合來滿足企業網各網站之間資訊加密需求。

≫ 關鍵基礎設施控制和資料獲取場景

量子保密通訊可用於保護關鍵基礎設施中的資料採集與監控系統（supervisory control and data acquisition, SCADA）資料通訊安全性；關鍵基礎設施對於社會經濟的正常執行發揮著重要作用，其安全性和可靠性通常依賴於通訊基礎設施子系統，這些通訊子系統中的資訊機密性、真實性和完整性均十分重要，例如鐵路的號誌系統、供水控制系統，皆可透過 QKD 分發的金鑰對關鍵資訊進行保護。

≫ 電信骨幹網路保護場景

QKD 可用於為電信網路的骨幹網路節點之間通訊提供安全服務。目前電信骨幹網路多採用波長分波多工（wavelength division multiplexing, WDM）技術建設，光纖中波道數較多。除了已經使用的業務波道以及預留的保護波道和備用波道外，通常還有剩餘的波道可以使用，可以利用這些多餘的波長來搭建 QKD 鏈路，透過 QKD 鏈路產生的量子金鑰對 WDM 業務通道進行高安全等級的加密。例如，將 QKD 生成的量子金鑰應用於 OTN 設備間業務資料的加密，而 QKD 系統所需的量子通道、協商通道以及承載 OTN 業務的傳統資料通道，可透過波長分波多工的方式實現共纖傳輸，該技術目前已透過現網試驗驗證可行。

≫ 電信接入網路保護場景

QKD 可用於電信接入網路的被動光纖網路（passive optical network, PON）中，保證 PON 的通訊安全。透過 QKD 系統，可在 PON 的光纖線路終端（optical line terminal, OLT）和光纖網路單元（ONU）終端使用者之間進行安全的金鑰分發，以實現 ONU 使用者資料的加密傳輸，為電信接入網路提供新的金鑰分發解決方案。例如，QKD 系統由不對稱的樹狀網路結構組成，由於目前量子探測器比量子光源成本高，可在每個 ONU 處部署低成本的 QKD 發射機，在 OLT 處部署一套 QKD 接收機。

≫ 遠距離無線通訊保護場景

QKD 與基於衛星、飛機等飛行器的無線通訊系統相結合是相當有潛力的應用場景，它可實現遠距離網站之間高度安全的金鑰分發，無需部署大量地面光纖和可信中繼站點。QKD 透過衛星交換金鑰的案例還可擴展到多顆衛星的場景，它們之間透過自由空間鏈路相互連接，可構成覆蓋全球的衛星

QKD 網路。與地面大氣相比，空間的通道衰減顯著降低，衛星之間可以透過非常高的金鑰分發速率進行長距離的金鑰交換。

≫ 移動終端量子安全服務場景

各類移動終端使用者的網路安全防護已成為目前所關注的焦點問題之一。利用 QKD 自身的獨特優勢結合金鑰分配中心（key distribution center, KDC），可將 QKD 生成的量子金鑰應用於移動終端側，保護端到端及端到伺服器的通訊安全性，在行動辦公、行動作業、行動支付、物聯網等多種場景都能進行應用。

例如，QKD 網路結合用於管理 QKD 網路產生的量子金鑰之量子安全服務金鑰分配中心，以及靠近用戶的量子金鑰更新終端設備，可將 QKD 網路產生的對稱量子金鑰充注到終端的安全儲存裝置（如 SD 卡、SIM 卡、U 盾、安全晶片等），用於其通訊過程中的認證和會話加密。相較於傳統的 KDC 方案，該方案可保證工作階段金鑰的前向安全性；與傳統的公開金鑰基礎建設（PKI）方案相比，則可保證身分認證和工作階段金鑰協商過程能夠抵抗量子計算攻擊。

5.4.3　量子隱形傳態：瞬間移動的祕密法寶

所謂的「量子隱形傳態」（QT），也稱為量子遙傳或量子隱形傳輸，是一種全新的資訊傳遞方式，它在量子糾纏效應的幫助下，傳遞量子態所攜帶的量子資訊；所謂的隱形傳輸，指的是脫離實物的一種「完全」資訊傳送。

這有點像科幻電影裡的 瞬間移動物體，只不過，量子隱形傳態瞬間移動的是資訊而非物體——它無法將任何實物進行瞬間轉移，只能「轉移」量子態的資訊。由於應用了量子糾纏效應，它有可能讓一個量子態在一個地方神

祕地消失、又瞬間在另一個地方出現；這裡的「瞬間」指的就是物理上真正的「瞬間」，它不需要耗費時間。

從量子隱形傳態的基本原理來看，我們假設資訊的傳遞方和接收方分別稱為 Alice 和 Bob，而 Eve 是可能的竊聽者。

現在，Alice 的手上有一個連她自己都不瞭解其量子態的微觀粒子 A，她的目的是要將這個未知的量子態傳遞給遠方的 Bob，但是粒子 A 本身並不需要被傳遞出去。做到了這一點，就是進行了所謂的量子隱形傳態。

那麼，要達到這個目的，Alice 和 Bob 就必須擁有一對具備量子糾纏的「EPR」粒子對，我們假設這一對糾纏粒子分別為 E1 和 E2。根據量子力學原理，無論是對 E1 和 E2 哪一個粒子進行測量，另一個相關聯的粒子一定會立即做出相應的變化——無論相隔多遠。這樣，E1 和 E2 糾纏粒子就在 Alice 和 Bob 之間搭建了一條所謂的量子通道。

當 Alice 將糾纏粒子 E1 和她手裡原有的粒子 A 進行某種特定的隨機測量之後（測量，即意味著某種相互作用），E1 的狀態將會發生變化。同時，Bob 掌握的糾纏粒子對應的 E2 粒子就會瞬間坍縮到相應的量子態上。

根據糾纏的意義，E2 坍縮到哪一種狀態完全取決於 E1，即取決於上述 Alice 的隨機測量行為。此後，還要透過傳統的資訊傳遞通道，將 Alice 所做測量的相關資訊傳遞給 Bob。Bob 獲得這些資訊之後，就可以對手裡的糾纏粒子 E2（狀態已經改變）做一種相應的特殊變換，便可使粒子 E2 處在與粒子 A 原先量子態完全相同的態上（儘管這個量子態仍是未知的）。這個傳輸過程完成之後，A 坍縮隱形了，A 所有的資訊都傳輸到了 E2 上，因而稱為「隱形傳輸」。所以，整個過程稱為「量子隱形傳態」，而在這整個過程中，Alice 和 Bob 都不知道他們所傳遞的量子資訊到底是什麼。

可以看到，在量子隱形傳態中涉及傳統的資訊傳輸方式，但這並不會對整個資訊傳遞系統造成安全性問題。由於傳統的通道只是要告訴接收方傳遞方已經進行了怎樣的特定轉換，除此之外，並不包含有關 A 粒子量子態的任何資訊。因此，即便有人截獲了傳統通道的資訊，也不會有任何用處。

這也意味著量子隱形傳態並不能完全脫離傳統的行為，它還需要借助傳統的資訊傳遞通道再結合 EPR 量子通道來傳遞量子資訊。但不管怎樣，這都已經是一種比以往的純傳統資訊傳遞方法更加先進的資訊傳遞方式了。

5.4.4 通往量子資訊網路

在量子密鑰分發（QKD）和量子隱形傳態（QT）技術的支援下，建立量子資訊網路已經成為通訊發展的遠程目標。

一方面，量子資訊網路將根據 QT 實現未知量子態資訊的傳輸和組網：收發雙方首先透過糾纏光子對 A、B 的製備與分發（即量子糾纏分發）建立量子通訊通道，之後發送方將包含未知量子態資訊的光子 X 與糾纏光子 A 進行貝爾態（Bell state）聯合測量，並透過傳統通訊通道告知接收方測量結果，最後接收方根據此對糾纏光子 B 進行相應的酉變換（unitary transformation）操作，得到發送方光子 X 的量子態資訊，完成量子通訊過程。

其中，量子態資訊的物理載體是單光子或光子糾纏對，也稱「飛行量子位元」；傳輸介質可採用光纖或自由空間通道為克服環境雜訊、傳輸退相干和通道損耗等影響，需要進行量子態資訊儲存，以及根據量子糾錯、糾纏純化和糾纏交換實現的量子中繼；各種量子態資訊處理器節點，如量子電腦和量子感測器等，其中的物質量子位元，如電子自旋和冷原子等，也需要與光子進行量子態的轉換以實現傳輸。

量子資訊網路透過量子隱形傳態，實現量子態資訊在處理系統和節點之間的傳輸，可以形成多個量子資訊處理模組的互聯互通。對於量子計算模組而言，由於量子態的疊加特性，實現 n 位元量子態資訊的互聯，將可以使其表徵的狀態空間以及相應的狀態演化處理能力得到 2n 倍指數量級提升，擴展量子計算處理能力。

對於量子測量模組而言，在多參數的全域變數測量條件下，利用糾纏互聯形成量子感測器網路，將可以透過提升測量精度突破標準量子極限，在量子時鐘同步網路和量子限精密成像設備組網等方面獲得應用。

此外，實現廣域端到端量子態確定性傳輸，也將為提升安全通訊能力、發掘新型複雜網路組網協定方案等方面提供目前無法企及的解決方案。在量子資訊網路的潛在應用探索方面，國內外相關研究和實驗已經取得一些初步進展，但多為原理性探索和概念性實驗驗證，距離實用化仍有較大差距。

2012 年，奧地利維也納大學報導：第一個以測量為基礎的盲量子計算實驗，透過遠端量子計算處理器將量子位置於糾纏態，由計算用戶發送未知量子態控制運算演化，並獲取計算結果，進而實現遠端量子計算任務的安全加密委託。

2014 年，英國倫敦帝國理工學院報導：根據雜訊閾值 13.3% 表面編碼糾錯演算法和糾纏純化技術建立量子計算單元之間的互聯通道，實現 2MHz 頻率的計算處理互聯，但存在 98% 的光子糾纏損失，僅可達到 kHz 量級的 qubit 交互速率。

2017 年，以色列希伯來大學報導：根據多維糾纏簇態（cluster state）的多方領導者選舉量子糾纏協定演算法，根據預先共用多維糾纏簇態實現無需多方協商的雲端運算網路領導人選舉，透過對各方共用量子糾纏態進行非同步測量，以測量結果標注領導人，可以保證選舉過程的隨機性和公平性。

2020 年，中國科技大學報導：根據「墨子號」衛星和雙向自由空間量子密鑰分發技術的量子安全時間同步實驗，衛星和地面站實現單光子級時間同步訊號傳輸，時間脈衝頻率為 9kHz，量子通道誤碼率為 1%，時間傳遞精度達到 30ps，推動了利用衛星實現量子時間同步組網的實驗探索。

量子資訊網路作為集量子態資訊傳輸、轉換、中繼和處理等功能為一體的綜合形態，也是量子通訊技術發展的長期目標。根據關鍵賦能技術需求和預期應用場景，量子資訊網路技術發展和組網應用大致可分為量子加密網路、量子儲存網路和量子計算網路三個階段。

其中，量子加密網路可視為量子資訊網路的初級階段，根據量子疊加態或糾纏態的機率性製備與測量，可實現金鑰分發、安全識別和位置驗證等加密功能，典型應用是已進入實用化的 QKD 網路。在中國，量子通訊領域研究和應用探索側重於量子加密網路層面，由於目前量子儲存中繼技術無法實用，QKD 遠距離傳輸和組網依靠金鑰落地逐段中繼的「可信中繼」方案。

量子儲存網路是量子資訊網路下一階段研究和應用探索的重點，將具備確定性糾纏分發、量子態儲存和糾纏中繼等功能，可支援盲量子計算、量子時頻同步組網和量子計量基線擴展等新型應用。國外已經開始在基礎元件、系統集成、組網實驗和協議開發等方面進行布局研討與推動，發展趨勢應引起關注和重視。

量子計算網路是量子資訊網路各項關鍵技術成熟融合之後的高級階段，包含可容錯和糾錯的通用量子計算處理以及大規模量子糾纏組網等功能，可用於分散式量子計算提升量子態資訊處理能力，以及實現量子糾纏協議組網等應用場景。要特別說明的是，對於量子計算網路終極形態中可能誕生的潛在應用和引發的技術變革，當前階段僅為管中窺豹，無法全面預測分析，但其中所蘊含的可能性和想像空間不亞於今日之網路。

5.5　量子通訊，挑戰中前行

作為應對密碼破譯挑戰的一種有力手段，量子通訊的理論有效性和實踐可行性都得到了廣泛驗證。利用物理原理的量子通訊方案與利用計算複雜性的密碼方案各有擅長、相互補充，能夠有效構築資訊安全縱深防禦手段，增強未來網路空間安全防禦能力。不過，在實現強大網路空間安全防禦能力之前，量子通訊仍面臨著諸多考驗。

5.5.1　量子通訊仍處於發展初期

當前，量子保密通訊技術尚處於發展初期，要實現大規模產業化則有待技術、協議、應用各方面進一步協同發展。

首先，底層技術方面，量子保密通訊的核心——量子密鑰分發技術操控處理的是單量子級別的微觀物理物件，高量子效率的單光子探測、高精度的實體訊號處理、高訊噪比的資訊調製、保持和提取等技術，都是量子密鑰分發能力需要進一步突破的障礙；而光學／光電集成、深度製冷集成、高速高精度專用積體電路等技術，是量子保密通訊設備小型化、高可靠性、低成本發展方向上必須跨越的「門檻」。

這些底層技術的突破大幅依賴著新材料、新工藝、新方法的研究和微納加工集成領域的支撐，有較高的技術難度和不確定性，同時還面臨著高投入、高風險、國際技術競爭和技術限禁等不利局面。

其次，在產業鏈建設方面，量子保密通訊作為新興尖端技術，其形成產業所需的產學研支撐目前還不夠均衡、力量仍不夠飽滿，工業界參與量子保密通訊底層核心技術研究的力量不足；掌握產品研發核心技術的企業數量較少，供應能力有限；產品和應用缺少全面、體系化的解決方案，應用領域的

聯合研究和基礎設施的建設才剛剛起步,產業鏈存在明顯的薄弱環節。這些產業鏈環節的建設和培育需要多方協同合作和累積,包括量子保密通訊行業上下游隊伍的壯大、與現有電信網路的融合、產品體系的豐富等。

再者,量子保密通訊應用場景較為有限,產業發展對於國家政策扶持依賴性較強,後續商業化應用模式和市場化推廣運營有待進一步探索;傳統通訊和資訊安全行業對於量子保密通訊產業的參與度較低,產業鏈的建立和培育較為困難;以需求為導向的發展動力不足,導致後續工程建設乏力。

最後,市場生態培育方面,一方面,從用戶層面來說,目前量子保密通訊技術仍然具有一定的「神祕感」,有安全需求的商業用戶對於應用量子保密通訊的方法和保障程度缺少認知;另一方面,商業標準、資質、測評、認證等體系基本上處於空白狀態,亟待建設。

當前量子保密通訊的市場生態尚處於脆弱的初級階段,類似於電腦、網路等產業的發展初期,量子保密通訊需要時間透過應用、推廣、認證、監管來形成市場互動,推動產業不斷升級。

5.5.2 量子通訊的標準化之路

量子保密通訊從實用化走向產業化規模應用之路仍然面臨不少挑戰,標準化是其中十分重要的一環,對於未來產業健康發展具有奠基石的意義和作用。目前已有不少標準化組織展開 QKD 相關標準工作,國際上有國際標準組織(ISO)、國際電信聯盟(ITU)、歐洲電信標準協會(ETSI)、電氣電子工程師學會(IEEE)、雲端安全聯盟(CSA)等;在中國,有中國通訊標準化協會(CCSA)、中國密碼行業標準化技術委員會、中國資訊安全標準化技術委員會等。

作為跨學科、跨領域的系統工程，量子保密通訊的標準化工作仍處於發展初期，需要多領域、不同標準組織之間合作，以形成支撐大規模 QKD 組網、運營、應用、認證的完整標準體系。

國際標準組織積極展開量子保密通訊標準化工作，量子通訊的國際標準也正在形成，相關標準組織亦正加速展開相關標準化工作。

2017 年 11 月，德國柏林召開的 ISO/IEC JTC1/SC27/WG3 第 55 次會議上，中國資訊安全測評中心聯合科大國盾量子技術股份有限公司提出《量子密鑰分發的安全要求、測試和評估方法》標準研究專案（StudyPeriod）的建議，經過多輪討論，獲得盧森堡、俄羅斯等國家的支持，最終成功立項。這是 QKD 領域第一個正式的國際標準專案。

在 2018 年 7 月的 ITU-TSG13（未來網路組）會議上，韓國提出「支援量子密鑰分發的網路框架」標準獲許可通過；同年 9 月的 ITU-TSG17（安全性群組）會議上，韓國進一步提出「QKD 網路的安全性框架」研究和「量子亂數產生器的安全框架」標準獲許可通過。

ETSI 是全球電信領域極具影響力的區域性標準化組織。2008 年，ETSI 發起 QKD 行業規範組（ISG-QKD），到 2018 年的十年間，共發布 QKD 案例、應用介面、收發機特性等六項規範；2019 年，ETSI 加速標準化工作，年初發布了 QKD 術語、部署參數、金鑰傳遞介面三項規範，同時也批准 QKD 網路架構和 QKD 安全評測兩項新標準，共計展開 14 項標準專案。

2014 年，雲端安全聯盟（CSA）成立量子安全工作組（QSS-WG），中國的科大國盾量子公司是發起成員之一；該工作組已發布量子安全性定義、量子密鑰分發定義、量子安全術語等多項研究報告。

IEEE 是電子電氣工程領域的國際專業標準化組織。2016 年，由通用電子（GE）公司在 IEEE 發起成立 P1913 軟體定義量子通訊（software-defined quantum communication, SDQC）專案組，其主要目標是定義量子通訊設備導向的可程式設計網路介面協定，使得量子通訊設備可以實現靈活的重配置，以支援各種類型的通訊協定及測量手段。該標準針對以軟體定義網路（SDN）為基礎的 QKD 網路，設計協定明確量子設備的調用、配置介面協定，透過該介面協定，可以動態建立、修改或刪除量子協議或應用。

在這樣的背景下，為推動量子通訊關鍵技術研發、應用推廣和產業化，中國也正在加速量子保密通訊標準體系建設。CCSA 於 2017 年 6 月成立了量子通訊與資訊技術特設任務組（The 7th Special Task Group, ST7），目標是建立中國自主智慧財產權的量子保密通訊標準體系，支撐量子保密通訊網路的建設及應用，推動 QKD 相關國際標準化進展。

ST7 下設量子通訊工作組（WG1）和量子資訊處理工作組（WG2）兩個子工作組，該組織已匯集了中國境內量子通訊產業鏈的主要企業及科研院所，現有 51 家會員，其工作目標包括了：

1. 透過應用層協定和服務介面的標準化，使得量子保密通訊可與現有 ICT 應用靈活集成，推動量子保密通訊在各行各業的廣泛應用；

2. 透過網路設備、技術協定、器件特性的標準化，建立可靈活部署和擴展的量子保密通訊網路：使不同廠商的量子保密通訊設備可以相容互通；實現量子密鑰分發與傳統光網路的融合部署，促進量子通訊關鍵器件供應鏈的成熟發展；

3. 透過嚴格的安全性證明、標準化安全性要求及評估方法，建立量子保密通訊系統、產品及核心器件的安全性測試評估體系。

目前，ST7 已制定了完整的量子保密通訊標準體系框架，包括名詞術語標準以及業務和系統類、網路技術類、量子通用器件類、量子安全類、量子資訊處理類等五大類標準。圍繞該體系框架，目前 ST7 已從術語定義、應用場景和需求、網路架構、設備技術要求、QKD 安全性、測試評估方法等方面獲准展開 25 項標準編制工作，包括《量子通訊術語和定義》、《量子保密通訊應用場景和需求》兩項國家標準專案，《量子密鑰分發（QKD）系統技術要求第 1 部分：基於 BB84 協定的 QKD 系統》、《量子密鑰分發（QKD）系統測試方法》、《量子密鑰分發（QKD）系統應用介面》、《量子保密通訊網路架構》、《基於 BB84 協定的量子密鑰分發（QKD）用關鍵器件和模組》等八項產業標準專案，《量子保密通訊網路架構研究》、《量子密鑰分發安全性研究》、《量子保密通訊系統測試評估研究》、《量子密鑰分發與經典光通訊系統共纖傳輸研究》、《連續變數量子密鑰分發技術研究》、《軟體定義的量子密鑰分發網路研究》等 15 項研究課題專案。

目前，量子保密通訊網路架構及系統測試評估研究、量子密鑰分發安全性研究、量子密鑰分發與經典光通訊系統共纖傳輸研究等五項研究課題已有結果，明確了 QKD 網路架構參考模型、量子保密通訊系統基本測試方法、量子密鑰分發安全性攻防技術、量子與經典光通訊共纖傳輸技術等內容。

展望篇 │ 激盪量子時代

CHAPTER

「量子化」的材料

「顯而易見，一種新型態的量子科技正在崛起，我們可以看到三位物理學獎得主關於糾纏態的研究成果具有劃時代的重要意義，甚至超越了量子力學所解釋的基本問題。」

——諾貝爾物理學獎委員會主席，*Anders Irbäck*

6.1　半導體背後的量子奧祕

量子力學其中一個重大成就，就是填平了物理和化學這兩門科學之間的鴻溝，拓展了人類對世界解釋的邊界，尤其是對於材料而言。

材料的進步大幅度引領著科技發展，因此對材料的認識也彰顯了人類對於世界的認知程度。早在文藝復興時期，近代科學家就已經開始對化學合成和加工新的材料進行科學研究探索，從塑膠到今天的石墨烯和碳奈米管，對材料的認識和發現，貫穿了整個近現代科學發展史。

量子理論的突破也給材料帶來了新的方向，其中，半導體就是以量子力學為基礎而誕生的最重要材料之一；如果沒有半導體，現代生活就沒有電腦、沒有手機、沒有數位相機。試想，人類若退回到電子管時代，那時候的收音機可是比現在的微波爐還大！

6.1.1　從量子角度認識半導體

半導體技術是所有積體電路的基礎。如今，半導體已經廣泛應用於人類生活中，舉凡我們手裡拿的手機、家裡看的電視以及日常使用的電腦，裡面最核心的元件都是用半導體做的。

那麼，什麼是半導體呢？我們知道，原子中有電子，在一定條件下，電子會擺脫原子核的束縛，在某種材料中自由運動，這就形成了電流。我們可以把運動的電子想像成一輛汽車，把電子跑過的材料想像成一條公路。電流大不大——或者說汽車跑得快不快，取決於公路的路況。有些材料它們的路況就很好，汽車在上面可以跑得很快，不會受到明顯的阻礙，這種材料就叫作**導體**。

絕大多數金屬，像是銅、鋁、鐵，都是導體。而有些材料它們的路況很糟糕、障礙重重，汽車一上路就被堵得水洩不通，根本跑不起來，這種材料就叫作絕緣體；我們常見的陶瓷、橡膠、玻璃，都是絕緣體。

但有一些特殊材料的路況很詭異，路上有不少障礙，一般汽車開上去就會被堵死，但要是外部條件發生變化——例如溫度升高，汽車就又能在路上行駛了，這些特殊的材料就是半導體，之所以會發生這種現象正是基於量子力學的原理。

物質是由原子組成的，根據量子力學對物質的理解，物質裡的電子就像裝在一個大箱子裡，它們可以在裡面自由活動。例如一塊單晶矽立方體，它內部的電子都可以在這個立方體的箱子裡自由活動，如果撞到箱子壁，就會彈回去。因此，在量子力學中，一個箱子裡的粒子一般不會有確定的位置，它可以出現在箱子裡任何一個地方；但粒子的能量通常比較確定，因為粒子喜歡走向能量最低的狀態。

到這裡，量子力學就可以簡單算出箱子裡電子能量的確定狀態，即能量本徵態。根據量子力學的波粒二象性，這些能量本徵態是一些在箱子壁之間來回反射的駐波，波長只能是一些特定的值；在一定程度上，可以理解成電子不斷碰壁來回行走，但它的速度和波長成反比，只能是一個基本單位的整數倍。

粒子的能量只能是一系列不連續的值，每一個這樣的能量本徵態叫做一個**能階**。不過，當箱子變大，可以容納大量的電子時，這些能階變得很稠密，接近連續但仍然不是無限多。

因此，從能量的視角看，電子形成了一個深深的海洋。在某個能量以下，所有的能階都被填滿了。但是一個物體並不總處於最低能量的狀態，因為物體內部有熱運動，對於電子而言，熱運動就是表層的電子狀態有所改

變，也許將跳到一個稍高的能階，就好像海洋表面有漣漪和波浪；至於深處的電子，它們依然動不了，高一點、低一點的能階都被占滿了，熱運動沒有那麼高的能量把它敲到海平面以上。

同樣的道理，如果有外力，例如給物體施加一個電壓，也只有表層的電子能夠隨著電場漂移形成電流。雖然所有的電子都應該看成被所有的原子共用，但只有海洋表面很少量的電子是真正自由的，海洋深處的電子在一般情況下是動不了的。不過，也有特殊情況，例如宇宙射線中的一個高能粒子射進來，可以把很多深處的電子敲出來，一路製造大量的自由電子。

當一個自由的電子和一個海洋深處不自由的電子相遇，正常情況下什麼都不會發生，這和古典力學的景象非常不一樣。在古典力學下，兩個電子在同樣的空間裡，它們之間有排斥力，有一個非零的機率發生碰撞或交換能量；而在量子力學中，雖然電子之間的相互作用永遠存在，但這種相互作用需要條件才能產生後果，同處一個空間中的粒子碰撞不是註定會發生的。為什麼有一些物質，裡面的電流一旦形成就停不下來？因為電流不會因為和物質內部的其他粒子碰撞而衰減，而這就是超導體。深層電子對自由電子是有影響的，像透明的電荷雲，它們的存在會影響到物質內部的電場分布。

電子可以自由漂移，但質量比電子重萬倍的原子核很難移動。量子物理學對固體的研究是從晶體開始的，在晶體中，原子核呈現週期性的規則排列，一個更精細的物理模型是：原子核被釘死在晶格點的位置上，電子被所有的原子核共用。由於原子核的吸引力，電子靠近原子核的機率自然更大些；但更重要的差別是，電子能階不再是接近完全連續的，而是從上到下分裂成很多能帶（energy band）。在每一個能帶內，能階仍然非常密集地接近連續，但不同的能帶之間有縫隙，叫做能隙（energy gap），能隙中不存在任何能階。

也就是說，電子的能量海洋分成了很多層，除了最上面那層，所有海洋層都填得滿滿的，不會產生電流。在一些材料中，最上面那層能帶只填了一部分，這層海洋表層有一些自由電子可以導電，這就是所謂的導體，包括所有的金屬材料；在另一些材料中，最上層的能帶填滿了，裡面沒有自由電子；再上面還有一個完全空的能帶，但對材料施加電壓產生的電場強度，完全不夠讓電子跳上去的材料就是絕緣體。

半導體和絕緣體一樣，最上層的能帶填滿，在很低的溫度下基本上並不導電；但它的能隙比較窄，熱運動可以讓少量電子跳到上面的空能帶中，成為完全自由的電子。跳到上面的自由電子數量是隨著能隙增長而呈指數下降的，也就是說，能隙增加一點點，自由電子的數量可能減少成千上萬倍。因此，從絕緣體到半導體，也是一個量變引起質變的例子。

6.1.2 PN結和MOS管

半導體技術實際上是根據量子力學衍生出來的能帶理論（energy band theory），或者說是固體能帶理論跟量子力學裡的一些重要結論。

在半導體材料中，當一小部分熱電子跳到上方的能帶（導帶）獲得自由時，下方的能帶（價帶）也有了一些空出來的能階，這樣的空位叫做**空穴**。有了空穴，價帶也就可以導電了。電流無非是一個方向運動的電子多一些、相反的方向少一些；有了空位，電子就可以回應外加電場做出狀態調整，產生電流。

在純的半導體材料中，電子和空穴總是成對產生，數量相等。如果在材料中摻入雜質，有的雜質會貢獻空穴，成為空穴較多的 **P 型半導體**；有的雜質則會貢獻多餘的自由電子，自由電子較多的材料叫 **N 型半導體**。

一塊 P 型半導體緊貼著一塊 N 型半導體，這樣的結構叫作 **PN 結（p-n junction）**。PN 結的應用有很多，它幾乎是一切半導體器件的基礎。

把一勺鹽倒進一桶水裡，鹽會在水裡擴散直到均勻分布，這是統計物理學的一個基本規律，粒子總是從濃度高的地方向濃度低的地方遷移。也就是說，如果對同一塊矽片的兩個相鄰區域分別進行 P 型和 N 型的摻雜，那麼由於 P 區空穴濃度高，空穴會向 N 區擴散；N 區自由電子濃度高，電子會向 P 區擴散。

當電子和空穴相遇，電子會躍遷到價帶中填補那個空位，兩者會中和掉，在 P、N 相接的介面上形成一層電子和空穴都消失的區域，稱為空乏層（depletion region）。但這個擴散不會一直進行下去，因為 P 區本來是電中性的，在空乏層中，損失部分空穴後就帶負電，會吸引空穴阻止它們繼續離開；同理，N 區在空乏層中會帶正電，空乏層中會有一個電場，把空穴推向 P 區，把電子推向 N 區，最後達到一個平衡狀態。空乏層的厚度通常在微米量級甚至更薄，摻雜濃度愈高、空乏層愈薄。

PN 結的一個重要特性就是單向導電性。如果在 P 區加正電壓、N 區加負電壓，在已經建立平衡的基礎上，正電壓製造更多的空穴會湧向空乏層，負電壓製造的自由電子也會湧向空乏層，那麼空乏層就會變薄，空穴和電子在這裡不斷中和形成電流，這是 PN 結的正向。如果電壓的方向反過來，空穴、自由電子都會遠離空乏層，那麼空乏層就會變厚，最後載流子枯竭無法導電，這是 PN 結的反向。

根據 PN 結，貝爾實驗室的物理學家巴丁（John Bardeen）等人發明了電晶體，並因此獲得了 1956 年諾貝爾物理學獎。電晶體的發明開啟了電子器件小型化的偉大旅程，一直發展到今天的超大型積體電路，人類社會因此進入了資訊時代。

　　積體電路晶片中最常見的電晶體，就是**場效電晶體（field effect transistor, FET）**。電晶體被發明出來的時候，是用來做訊號放大的，場效電晶體雖然也可以用來做放大器，但是在這個資訊數位化時代，它們最主要的應用是開關，即用電壓控制的開關；所有的數位晶片都是由一個個開關組成的。

　　場效電晶體有三個接腳，另外，襯底也需要通電。源極（source）和汲極（drain）的腳都接在 P 型半導體襯底上一個高濃度的 N 型摻雜區，高濃度摻雜區有很好的導電性，半導體與金屬接腳的接觸也很好。這兩個接腳和襯底之間各自形成一個 PN 結，在實際使用中，P 型襯底會接到 0 電位，源極和汲極的電位始終都是正的，這樣兩個 PN 結都是反向偏壓，不導通；我們不希望有電流從接腳漏到襯底裡面。如果沒有閘極（gate）的作用，源極和汲極之間隔著兩個反向偏壓的 PN 結，是不導通的。

　　閘極的作用就像是開關，它由金屬或導電材料製成。在閘極和矽襯底之間，隔著一層絕緣的二氧化矽，防止電流漏到襯底上；當把閘極施加高電壓時，它下面帶正電的空穴會被排斥，在材料中本來是少數的自由電子會被吸引過來。

　　當電壓超過一個臨界值，閘極下面的一個薄層不再是 P 型半導體，會反轉成 N 型區，這個 N 型反轉區叫作通道，它把源極和閘極的 N 區連接起來，源極和汲極就導通了。這種場效電晶體就叫作 MOS，是以閘極下的結構命名的：Metal（金屬）-Oxide（氧化層）-Semiconductor（半導體）。MOS 靠一個 N 型通道導通，因此又稱為 NMOS，NMOS 的特點為閘極加高電位時導通、低電位時關閉。

　　半導體電子器件中的物理核心在不同的電子器件當中是不一樣的，但一般是 PN 結和 MOS 電晶體；於是，利用半導體的特性可以做出一些很有用的電子元件，其中最重要的是二極體和電晶體。

二極體（diode）有一個非常特殊的性質：在一個方向上給它加上電壓就會產生電流；若是在反方向給它加上電壓，卻不會有電流產生。這就像是城市裡的單行道：我們可以沿著一個方向開車，但是沿另一個方向開車就不行了。二極體則可以在電路裡扮演一個開關的角色。

LED 是發光二極體的簡稱，其發明者赤崎勇、天野浩和中村修二於 2014 年獲得諾貝爾物理學獎。LED 燈就是一種能夠發光的特殊二極體，不過，使用發光二極體有什麼好處呢？一是它的發光效率非常高，比過去的白熾燈要高很多，因此非常節能省電，所以很多店家，像是 Ikea 賣的燈泡都是發光二極體做的；二是它的使用壽命很長，比白熾燈的壽命多十倍以上。這些優點也讓人們普遍相信，LED 將成為未來最主流的光源。

6.2　二維量子力學與石墨烯

到目前為止，不管是量子測量、量子通訊、量子計算還是半導體，依據量子力學而誕生的技術應該還是三維層面的應用，但實際上，量子理論在二維空間也大有所為，而二維空間最具代表性的材料就是**石墨烯**。

6.2.1　用量子的視角打開石墨烯

塑膠，是二十世紀最偉大的發明之一。1869 年，印刷工人 John Wesley Hyatt 發現，在硝化纖維中加進樟腦，改變結構性質後的硝化纖維柔韌性和剛性都非常優異，透過熱壓後可製成各種形狀的製品，這種材料命名為「celluloid」（賽璐珞），也就是最古老的塑膠製品。三年後，這種古老的塑膠製品開始投入生產，大部分作為象牙替代品、馬車和汽車的風擋以及電影膠片之用，正式迎接塑膠工業時代的來臨。

　　不過，塑膠的爆發性成長則始於 1907 年，美國化學家貝克蘭（Leo Hendrik Baekeland）合成了可塑性材料，為此後各種塑膠的發明和生產奠定了基礎，並逐漸走進了電話、收音機、槍支、咖啡壺、桌球台、珠寶，甚至第一枚原子彈的新時代。**如果說塑膠是二十世紀發明的最偉大新材料，那麼，石墨烯將成為二十一世紀的顛覆性材料**——石墨烯所彰顯的巨變力量，一點也不比當初的塑膠少。

　　石墨烯（graphene）和塑膠一樣，都是由碳基分子形成的。2010 年 10 月 5 日，瑞典皇家學院宣布了當年諾貝爾物理學獎獲獎者及其獲獎理由：安德列海姆（Andre Heim）和康斯坦丁諾沃肖洛（Konstantin Novose-lov）製備出了石墨烯材料，並發現其所具有的非凡屬性，向世界展示了量子物理的奇妙。

　　實際上，石墨烯的理論研究距今不過六十多年的歷史，其曾被認為是假設性的結構，無法單獨穩定存在。現實中，人們常見的石墨就是由無數層石墨烯堆疊在一起構成的（厚度一毫米的石墨大約包含 300 百萬層石墨烯），用鉛筆在紙上輕輕劃過，留下的痕跡就有可能是一層或數層石墨烯。石墨的層間作用力較弱，很容易互相剝離成薄薄的石墨片；如果能找到方法將石墨薄片進一步剝成只有一個碳原子厚度的單層，就能得到石墨烯。

　　根據這個原理，英國曼徹斯特大學物理學家安德列海姆和康斯坦丁諾沃肖洛在 2004 年利用機械剝離法，首次成功地在實驗中從石墨中分離出石墨烯，即一種由乙苯環結構週期性緊密堆積的碳原子所構成的二維碳材料。特殊的結構使得石墨烯成為構成其他石墨材料的基本單元，它既可以翹曲成零維的富勒烯（fullerene；或稱 Buckyball 巴基球），也能捲成一維的碳奈米管，還可以堆砌成三維的石墨。

　　不過，石墨烯最出名也最神奇的一點就是：它是一種二維材料。石墨烯有厚度，但只有一個碳原子那麼厚，稍微薄一點或者厚一點都不是石墨烯。

如果加一層碳原子到石墨烯上，就成了石墨；如果從石墨烯中取走一層碳原子就什麼也不剩了。石墨烯的發現不僅打破了自然界中不可能存在二維結構物質的傳統觀念，更充實了碳材家族，還為促進傳統產業轉型升級、引領戰略性新興產業快速崛起找到了關鍵材料。

石墨烯的神奇特性正是由這種獨特結構所賦予——用肉眼觀察，石墨烯呈黑色粉末狀，握在手裡輕若無物，但卻是目前人類已知導電導熱性最佳、重量最輕、強度最大、韌性最好，並具有極高透光率和高比表面積的材料。憑藉自身良好的光、電、熱、力等效能，人們給予石墨烯諸多超乎想像的功能，使其成為了碳時代的「黑金」。

根本上來說，石墨是一個分層的結構，每一層都是一個正六角形組成的蜂窩狀網路，層內相鄰原子的間距是 0.14nm，層與層之間的距離是 0.34nm；層與層之間的結合力非常弱。因為層與層之間很容易剝離，所以石墨很鬆軟，一經摩擦就產生細粉的石墨，很適合做鉛筆芯。

鑽石和石墨是由碳元素組成的不同物質，也被稱為同素異形體；生動地展示了物質的屬性不但與組成它們的原子有關，還與搭建它們的晶體結構有關。鑽石之所以珍貴，是因為生成這種特殊的晶體需要地層深處的高溫高壓。

對於石墨烯來說，為什麼 4 價的碳元素可以生成六角形的晶體呢？這就與共價鍵—— π 鍵有很大關係。高中化學課學到由六個碳原子和六個氫原子組成的環形苯分子，裡面就有一個 π 鍵。苯分子結構中的碳原子，要由 4 條線引出去。按照同樣的原則，可以把石墨烯的晶體網路畫成如右圖所示的樣子；但這種圖像過於簡單化，這個六邊形有的邊是單鍵、有的是雙鍵，看似不對稱，但實際上由 π 鍵結合起來的碳原子環是完全對稱的正六邊形。

(a) 苯環

(b) 石墨烯

(c) 苯環

　　這個簡單的圖像可以稍微改進一下：苯環有兩種可能的構成，一個碳原子可以挑選相鄰兩個碳原子中的任何一個形成雙鍵；真正的苯分子是這兩種可能性的量子疊加，對於石墨烯而言則是三種可能性的量子疊加。

6.2.2　新材料的希望

　　我們都知道，材料是人類賴以生存和發展的物質基礎，推動著整個人類文明的演化；從木石泥到銅鐵鋼再發展至矽晶片和碳纖維，歷史經驗表明，人類社會每一個新時代都會有一種新材料出現，而這種新材料往往成為該時代生產力提升的「發動機」。不過，對於過去的材料來說，似乎都無法逃脫隨著使用時間增加而逐漸耗盡的宿命。

　　舉例來說，牛仔褲會因穿著時間長，面料變得稀疏甚至出現小破洞；廚房攪拌機最終會因為用於調整馬達速度和攪拌強度的齒輪長期磨損而徹底斷裂停止作動；就連汽車也會因為變速器老化而報廢，隨著時間推移，摩擦會造成損耗，傳動裝置自然就會失效。

　　材料最終會走向損耗的根本原因，是摩擦力的存在。當兩個表面相互摩擦時，實際的接觸點只有奈米大小——是在幾個原子間產生摩擦。造成摩擦

的原因相對複雜，既要考慮表面的粗糙度，又要考慮材料形狀的微小變化和表面的污染情況。在出現摩擦時，運動表面間產生的能量將轉化為熱能，從而導致一些潛在的破壞性結果。

例如，汽車發動機內的活動部件，以及駕駛過程中此類部件相互摩擦產生的熱量，就是我們使用機油和冷卻系統的主要原因。如果不進行潤滑和冷卻，發動機產生的熱量將迅速損毀發動機，還有可能導致汽車起火。

而石墨烯卻完美解決了過去材料因為摩擦力所導致的缺陷。根據這個特性，石墨烯塗料現已應用於小型機械部件，不僅能夠顯著提高部件的使用壽命，而且能夠避免因摩擦產生的無效熱量。

不僅如此，當石墨烯應用於微型機械時，人們還可以在石墨烯塗層中有選擇性地添加雜質，以實現原子級的校準。這樣一來，除了在指定的運動方向上可以避免摩擦產生，還可以讓其他方向上的運動仍然能產生摩擦；這種被動的自我校準方案已經過實驗室測試。

除了摩擦力小之外，石墨烯還擁有另外一項革命性的應用價值，就是超高的強度。如今，各種產品提升強度和抗斷裂效能的方法之一就是加大產品的體積：增加塑膠或木板的厚度，可使其不易破裂；透過加大密度來提升材料的強度；附加梁木或固件來分擔材料在使用過程中承受的壓力。但這些解決辦法都會產生共同的副作用——在提升強度的同時增加了物體的重量；隨之而來的問題是，人們是否願意為了實現防摔的功能而增添物品的重量？

對於汽車來說，在某些硬體處使用密度更大的材料通常會使安全性得到提升，然而車身重量一旦增加，燃油的經濟性便會下降。只要使用石墨烯代替傳統的設備強化方法，就能使物品更加堅固的同時獲得更輕的物品重量；無論是未發生實質性損毀的汽車引擎和輪胎，還是無需因日常磨損而頻繁維護的機械設備，石墨烯都可以改善它們的耐用效能。

最後，也是石墨烯最為人們所期待的特性，就是「輕便」和「柔韌」。石墨烯是由排列在平面上的單層原子構成的，不僅十分纖細輕薄，而且強度極高，這也就意味著石墨烯可經彎折、捲曲、折疊處理，塑造出任何我們能夠想像的形狀；石墨烯材料不僅能拉伸至原尺寸的120%而不發生斷裂，還能夠輕鬆恢復到初始狀態。除此之外，它還可以將投射到材料上的92%可見光傳輸出去，這也就等於說明了，石墨烯不僅輕便、柔韌、可導電，而且幾乎是隱形的。

這個發現為未來的智慧設備奠定了材料的基礎。例如，使用石墨烯作為材料的薄膜電腦可在隱形狀態下覆蓋車窗玻璃，從而為即將實現自動駕駛功能的汽車提供地圖和即時路況報告，幫助駕駛於任何兩地之間選擇最佳行車路線。以石墨烯薄片為材質的電腦應用，還包括可與隱形眼鏡相結合的微型嵌入式電腦，在不久的將來，人們可以利用抬頭顯示技術，隨時將需要查詢的資訊展現在自己眼前。

放眼未來，如果石墨烯的效能徹底發揮出來，那麼大數據、物聯網、雲端運算、智慧設備等各項前沿領域將會取得重大突破，真正實現「萬物互聯」，人們習以為常的生產和生活方式也會徹底顛覆。

6.2.3 「黑金」時代還有多遠？

目前，石墨烯的形象被包裝成「黑金」、「萬能材料」、「新材料之王」、「未來材料」和「革命性材料」，甚至有科學家預言其極有可能掀起一場席捲全球的顛覆性新技術革命，進而徹底改變二十一世紀。

不過，石墨烯好則好矣，但距離一般消費者仍有一定的距離。究其原因，除了製造、行銷及配售新產品或改造產品常見的障礙，石墨烯產品所面臨的其他困難還包括：建立和維護原材料供應鏈、與擁有牢固客戶基礎的技術展開競爭，以及應對不可避免的法律問題。

其中，最重要的是兩方面的原因：

第一，石墨烯還面臨製造上的障礙。目前石墨烯的製造難度仍然很大，以現在的技術而言，製備石墨烯有四種主流方法：機械剝離法、化學氣相沉澱法（CVD）、碳化矽（SiC）外延生長法和氧化還原法。

機械剝離法是實驗室製備石墨烯的主要方法，也是當前製取單層高質量石墨烯的主要方法；化學氣相沉澱法被認為最有希望製備出高質量、大面積的石墨烯，是產業化生產石墨烯薄膜最具潛力的方法；碳化矽外延生長法雖然可以製造大面積的高質量單層石墨烯，但受單晶 SiC 價格昂貴、石墨烯生長條件苛刻、生長出來的石墨烯難以轉移等因素影響，目前主要用於以 SiC 為襯底的石墨烯器件研究；此外，氧化還原法也被認為是目前製備石墨烯的最佳方法之一。

隨著世界各國企業紛紛加入石墨烯生產大軍，生產石墨烯的新方法亦正以驚人的速度不斷湧現，我們確實有可能在幾年內實現石墨烯的大規模生產。當然，部分企業仍將專注於小批量、定制化的石墨烯生產（如生產出長度介於毫米至釐米間、甚至更短的石墨烯薄片），這種石墨烯可作為添加劑或與其他材料結合使用。但若想真正達到具生產效益的實用階段，石墨烯年產量至少需超過數千噸。

第二，在廣泛應用之前，石墨烯必須兌現市場預期，提供比現有技術更高的效益或者更低的價格，同時還必須在顧客指定時間內保質保量地實現大量供貨。面對每年成千上萬新型石墨烯應用專利的申請，目前全球石墨烯產量僅可勉強滿足實驗室研究人員的需求，商用市場根本無從談起，因此高質量的石墨烯產品價格相當高。

不過，倘若利用石墨烯生產的「殺手級應用」產品發明出來了，那麼石墨烯市場或將迎來一場批量化生產的競賽以滿足需求。一旦產量增加，特別

是出現很多供應商後，每單位石墨烯產品的價格就會下降，唯有如此，才能形成一個強大的商業市場。

人類工業化的歷史經驗告訴我們，新材料的發明製造在現代產業體系中扮演了舉足輕重的角色，屢次催生出新產業甚至是新產業群。然而，新材料在產業化過程中，尤其在技術、市場和組織等方面又存在極大的不確定性，如果按照矽材料產業的成熟週期為二十年來推斷，石墨烯產業化成熟還要再經過五到十年。因此，石墨烯想要真正引領「黑金」時代，恐怕還有一段路要走。

6.3　量子力學登上科技舞臺

雖然量子力學誕生於微觀世界，描述著微觀世界，但如今，量子力學已經與核科學、資訊學、材料學等學科交叉融合發展，催生了量子科技革命。步入了二十一世紀後，量子力學在計算、通訊、測量中的應用日漸豐富，不少技術已經受到推廣使用，大大促進了社會的更新發展；一個量子科技的時代正在加速到來。

6.3.1　第一次量子科技浪潮

量子是構成物質的基本單元，是不可分割的微觀粒子——譬如光子和電子等——的統稱。量子力學研究和描述微觀世界基本粒子的結構、性質及其相互作用，與相對論一起構成了現代物理學的兩大理論基礎。

上世紀中葉，隨著量子力學的蓬勃發展，以現代光學、電子學和凝聚態物理為代表的量子科技第一次浪潮興起，其中誕生了雷射器、半導體和原子

能等具有劃時代意義的重大科技突破，為現代資訊社會的形成和發展打好根基。

舉例來說，平時我們常看到一些雷射除斑除毛的廣告，將雷射儀器往臉上一照，色斑就消失了；往胳膊上一掃，體毛也脫落了。這背後就是利用了量子相關的原理。我們知道，物質都是由原子組成的，原子中間有一個原子核，原子核外還有在固定軌道上運動的電子，不同軌道上運動的電子具有不同的能量。打個比方，當我們負重爬樓梯，爬十層樓明顯比五層樓更累，更高樓層消耗的能量愈多，而消耗的能量則轉化為我們的重力位能。換句話說，十樓的重物本身就比五樓的重物擁有更多的能量。在地球上發射火箭也是如此：發射時消耗的燃料愈多，就能把火箭送上離地球愈遠、本身能量也愈大的軌道。原子世界也遵循同樣的規律，我們要把電子送上更高的軌道，就需要給它更多的能量。換句話說，位於較高軌道上的電子，本身也具有較高的能量。

雷射和其他任何光一樣，都是由光子組成的，每個光子有一定的能量。一般生活裡常見的光，如太陽光，就包含著許許多多的光子，這些光子的能量有大有小，但雷射非常特別，它裡面的每個光子能量都一樣大；這就是雷射與普通光最大的區別。

我們上面已經說過，對於不同軌道，其內部電子的能量是不一樣的。與此同時，每種雷射的光子又有一個特定的能量，當雷射打到皮膚上時，如果皮膚裡電子的能量與雷射光子的能量不匹配，那麼它就不會吸收這種雷射，反之就會吸收。雷射除斑的工作原理即是如此。當雷射照到臉上的時候，好皮膚裡的電子能量與雷射光子能量不匹配，所以會完好無損；而黑色斑塊裡的電子能量與雷射光子能量匹配，所以會吸收雷射並最終被雷射所破壞。

不過，受限於對微觀物理系統的觀測及操控能力不足，雖然第一次量子科技的浪潮帶來了許多令人驚豔的應用，但這個階段的主要技術特徵是認識

和利用微觀物理學規律，例如能階躍遷、受激輻射和連鎖反應，但對於物理介質的觀測和操控仍然停留在宏觀層面，如電流、電壓和光強。

進入二十一世紀，隨著人們對量子力學原理的認識、理解和研究不斷深入，以及對微觀物理體系的觀測和調控能力不斷提升，以精確觀測和調控微觀粒子系統、利用疊加態和糾纏態等獨特量子力學特性為主要技術特徵的量子科技第二次浪潮即將來臨。

量子科技浪潮的演進，將改變和提升人類獲取、傳輸、處理資訊的方式與能力，為未來資訊社會的演進和發展提供強勁動力。量子科技將與通訊、計算和傳感測量等資訊學科相結合，形成一個全新的量子資訊技術領域。

當前量子科技主要應用於量子計算、量子通訊和量子測量三大領域，並且在提升運算處理速度、資訊安全保障能力、測量精度和靈敏度等方面展現出突破經典技術瓶頸的潛力。量子資訊技術已經成為資訊通訊技術演進和產業升級的關注焦點之一，在未來國家科技發展、新興產業培育、國防和經濟建設等領域，將產生基礎共性乃至顛覆性的重大影響。

6.3.2　引領下一代科技革命

如今，資訊技術革命——特別是人工智慧、量子資訊技術、區塊鏈、5G 技術等新興資訊技術的加速突破和應用——正在推動人類由物質型社會向知識型社會轉變。在知識型社會，資訊的重要性正在超越物質的重要性，成為人類最寶貴的戰略性資源，人類對於資訊的渴求達到了前所未有的高度，而傳統以古典物理學為基礎的技術已經不能滿足人類在資訊獲取、傳輸以及處理的需求，科技發展正遭遇三大技術困境。

第一，計算能力逼近天花板。在大數據時代，一方面人類所獲取的資料呈爆炸性增長，但巨量資料卻受制於傳統儲存空間；另一方面，人工智慧

技術的發展對計算能力提出了更高的要求，而傳統電腦的算力受摩爾定律限制，難以得到相應提升。雖然可以透過硬體的堆疊實現超級計算，但其計算能力的提升空間極其有限，並且耗能巨大。

第二，資訊安全防不勝防。傳統的資訊加密技術是依靠計算複雜程度而建立起來的，然而，隨著計算能力的提升，這樣的加密系統理論上都可以破解，即使是當前依靠算力建立起來的區塊鏈也在所難免，資訊安全仍然存在一定的漏洞和風險。

第三，資訊精度難以精益求精。傳統經典的測量工具已經不能滿足人類對於精度的需求，愈來愈多的應用領域需要更加精密的測量，如時間基準、醫學診斷、導航、訊號探測、科學研究等，人類急需新技術破解當前技術發展的困境。

針對現有資訊技術所面臨的困境，應用量子力學的量子科技顯示出了獨特的優勢，為破解傳統經典技術發展瓶頸提供新的解決方案。

首先，量子電腦將突破計算能力的瓶頸。量子計算以量子位元為基本單元，透過量子態的受控演化實現資料的儲存計算，具有經典計算無法比擬的巨大資訊攜帶和超強並行處理能力。量子計算技術所帶來的算力飛躍，有可能成為未來科技加速演進的「催化劑」，一旦取得突破，將在基礎科研、新型材料與醫藥研發、資訊安全與人工智慧等經濟社會的諸多領域產生顛覆性影響，其發展與應用都有助於促進國家科技發展和產業轉型升級。

其次，量子通訊將突破通訊安全的瓶頸。微觀粒子的量子狀態具備不可複製性，這使得任何盜取資訊的行為都會破壞原有資訊、被接收者發現。因此，量子通訊從物理原理層面上確保了資訊不可盜取和破解，從而實現了通訊的絕對安全。根據量子力學原理保證資訊或金鑰傳輸安全性，主要分為量子隱形傳態和量子密鑰分發兩類。量子通訊和量子資訊網路的研究和發展，

將對資訊安全和通訊網路等領域產生重大變革和影響，成為未來資訊通訊行業的科技發展與技術演進所關注的焦點之一。

最後，量子精密測量突破測量精度的瓶頸。和傳統的測量技術相比，量子精密測量技術可以實現測量精度的飛躍。量子測量利用微觀粒子系統及其量子態的精密測量，完成被測系統物理量的執行變換和資訊輸出，在測量精度、靈敏度和穩定性等方面比起傳統測量技術有明顯優勢，主要包括時間基準、慣性測量、重力測量、磁場測量和目標識別等方向，廣泛應用於基礎科研、空間探測、生物醫療、慣性制導、地質勘測、災害預防等領域。量子物理常數和量子測量技術已經成為定義基本物理量單位和計量基準的重要參考，未來量子測量可望在生物研究、醫學檢測以及航太導向、國防和商業應用的新一代定位、導航和授時系統等方面率先獲得應用。

伴隨著科學技術不斷進步，量子科技將引領新一輪科技革命，並將逐步影響到社會發展的各方面，推動人類進入量子文明時代。

6.3.3　量子科學正在迅猛發展

在全球量子科學發展迅猛的此時此刻，量子計算技術的發展正在大力推動著量子通訊的發展。量子計算技術為應用量子力學原理來進行有效計算的一種新模式，其借助量子態的疊加特性來實現傳統電腦無法實現的平行計算。量子計算對於在物理上具體實現量子密碼、量子通訊和量子電腦均具有實際的意義，目前它已成為智慧訊息處理中的一個研究焦點，特別是在訊息安全中具有廣闊的應用前景。量子電腦可望成為下一代電腦，此說法已經逐漸為業界接受。

量子技術在認知科學上已經取得一定進展，可以在工程系統中嘗試模仿人類的學習方式，並為建造表現和模仿人類智慧的工程系統服務。而光量子

晶片具備運算速度快、體積微小的特點，可應用於奈米級機器人的製造、各種電子裝置以及嵌入式技術中。

不僅如此，其應用範圍還包括衛星飛行器、核能控制等大型設備、中微子通訊技術、量子通訊技術、虛擬空間通訊技術等訊息傳播領域，以及未來先進軍事高科技武器和新醫療技術等高端科學研究領域，具有極為龐大的市場空間。隨著量子儲存能力的突破和量子計算技術的發展，以及量子錯誤更正編碼、量子檢測等技術的應用，量子通訊系統的效能將得到大幅提升。

另一方面，從專網發展到公用網路，量子通訊正在走向大規模應用。量子通訊技術是解決訊息安全的根本手段，具有重大的經濟價值和戰略意義，其長遠目標是實現絕對安全的遠距離量子通訊，最終目標則是促進量子保密通訊產業化。量子通訊從原理走上小範圍專用問題的實用化，是現在全世界都在努力的方向。

不過，對於如何將量子通訊系統應用到一般通訊網路中，如何在成本和收益之間權衡，真正實現量子通訊網路，還需要進一步的探索。從量子通訊網路體系路線圖來看，量子通訊技術的實際應用將分成三步：一是透過光纖實現區域量子通訊網路，二是透過量子中繼器實現城際量子通訊網路，三是透過衛星中轉實現可涵蓋全球的廣域量子通訊網路。

目前，量子通訊的研究已經進入了工程實現的關鍵時期。隨著量子通訊技術的產業化和廣域量子通訊網路的實現，量子通訊在未來十年內可望走向大規模應用，成為電子政務、電子商務、電子醫療、生物特徵傳輸和智慧傳輸系統等各種電子服務的驅動器，為當今訊息化社會提供基礎的安全服務和最可靠的安全防護網。

並且，量子通訊在軍事、國防、金融等訊息安全領域都有著重大的應用價值和前景，不僅可用於軍事、國防等國家級保密通訊，還可用於涉及祕密

資料、票據的政府、電信、證券、保險、銀行、工商、地稅、財政等領域和部門，既可民用、也可軍用；如果同衛星裝置統一配對，其應用領域還會更廣、更多、更深。未來量子通訊衛星一旦取得成功，必將率先揭開訊息技術產業嶄新的一頁，不但能讓傳統的訊息產業徹底變革，而且會推動新興訊息產業，包括電腦、軟體、衛星通訊、資料庫、諮詢服務、影像視聽、訊息系統建設業等，效能更高、速度更快、產出大且安全保密性強。

此外，量子衛星的太空競賽也將競相展開。雖然目前量子通訊產業還處於發展初期，但已經廣泛應用於衛星通訊和空間技術，也為全球範圍的量子通訊提供了一種新的解決方案，即可以透過量子儲存技術與量子糾纏交換和純化技術的結合，做成量子中繼器，突破光纖和陸上自由空間連線通訊距離短的限制，延伸量子通訊距離，實現真正的全球量子通訊意義。

能夠進行量子衛星傳輸的國家將擁有許多新優勢，將高度敏感機密進行加密。為了在量子通訊領域中位居上風，所有利益攸關的國家都競相發展相關科技；目前，各國研究團隊都在建造可供衛星承載的量子傳輸設備，量子衛星的太空競賽將在世界展開。

可以預見，隨著量子技術的發展，量子技術還將會誕生一系列重要的商業和國防應用，進而帶來利潤豐厚的市場機會和具有破壞性的軍事能力。

7
CHAPTER

走進量子世界

「相對論和量子物理學儘管在許多方面存在著分歧，但在完整整體這方面卻是一致的。」

——英國物理學家，波姆

7.1　關於量子科學的思考

自從量子力學誕生開始，關於量子力學理論的各種質疑就從未停止，但就算是在這樣的情況下，量子力學仍舊蓬勃發展，一個個新的規律被逐漸發現並得到證實，人們也掌握了愈來愈多關於量子力學的真確知識。

隨著量子力學的理論研究逐漸深入，人們除了對量子科學的內容愈加熟悉、愈有興趣，在探索量子力學相關知識的過程中也常常會發現，量子力學這門學科涉及的內容不僅僅在物理學的範疇，甚至牽涉到了哲學。**量子世界為我們帶來的，不僅僅是一場理論的革新，更是一場世界觀的重塑。**

7.1.1　世界觀的重塑

關於量子科學所引發的哲學思考，相關的內容有很多，雖然理論不同，在哲學上研究的角度也各有差異，但歸根結底，都源於量子世界和宏觀世界的不同，因為量子科學的知識給人類造成了思想上的莫大衝擊。

在量子科學之前，我們對於因果的判斷很簡單，有原因就有結果，一定的原因和一定的結果相互照應。這種相互照應是唯一的，就像你從公司到家裡只有一條路可選，我只要在這條路上耐心等待，就一定能夠遇見你。這種因果之間確定不移的關係曾經給我們帶來很大的便利，讓我們可以由已知結果去分析原因、進而解決問題；同樣地，我們如果想要得到某個結果，只需要按照原因的要求去做就可以了。

比如說，我們的體重太重，是因為我們吃得太多，如果想要變瘦，就少吃一點。可是，在量子科學卻並不是這麼認為，量子世界講求機率，在量子科學的世界裡，沒有什麼是確定的，用於描述事物的僅僅是機率。

　　在宏觀世界裡，家到學校的路只有一條，我只要在這條路上等待就一定可以遇見你，而在量子科學的世界，從家到學校的路有很多條，我找個地方等待，能不能遇見你就說不準了，因為我只能得到你從這裡經過的機率。在量子科學之前，我們關於因果的判斷是確定的，但自從有了量子科學，世界變得不再確定了。

　　除此之外，量子科學還改變了我們對於生死的認知。在量子科學的研究開始之前，人們對於自己的存在狀態只有兩種判斷，生或者死。

　　薛丁格的貓這個實驗整個顛覆了人們對生與死的認識。在這個實驗中，一隻貓被放在一個密封的盒子裡，盒子裡還有著威脅這隻貓生命安全的物品，不過這個物品對貓的威脅有一半可能生效、也有一半可能無效。在我們打開盒子之前，這隻貓的狀態既不是死也不是活，而是又死又活，死活的機率各為一半；這樣的話，生和死就不再是一個確定的概念，而是一個疊加的狀態。這裡的狀態疊加是由於量子態可以疊加而產生的，不過這種生與死的不確定性，在打開盒子之後就不再成立了。

　　從薛丁格的貓這個實驗開始以來，人們對它的討論就從未停止過，以至於對薛丁格的貓之熟悉程度遠遠超過對薛丁格本人的認識。這個量子科學實驗之所以如此著名，是因為這個實驗討論了人們極其在意的生命存在問題。

　　量子科學在哲學上引起的思考不僅僅是因果的不確定和生與死的不確定，它還為一些看起來很玄妙的內容提供了依據，像是心電感應。在量子糾纏的理論下，只要兩個粒子處於糾纏的狀態，那麼不論相隔多麼遙遠，只要一個粒子發生改變、另一個粒子也會發生相應的改變，因此我們就可以透過一個粒子的變化去控制另一個粒子的變化。也就是說，就算距離再遙遠，兩個粒子也會保持某種確定的關係。

　　量子糾纏的原理意味著，確實存在某種力量使得兩個距離很遠的物體做出一致的反應，也可以使得一個人因為另一個人的行為做出一定的反應，就像人們常說的心電感應一樣。心電感應這個詞很早就有了，雖然關於它的各種解釋都有些牽強，可是我們仍舊可以找到很多近似心電感應的時刻，也正因為如此，雖然有人懷疑心電感應的存在，但也有人對這種現象很感興趣。而量子科學的量子糾纏理論恰巧為這種玄妙現象提供了一個可能的解釋，在哲學角度也引發人們諸多思考。

　　量子科學還帶來了時空觀念的思考，即經典的時空觀念和量子世界的時空觀念之碰撞。

　　經典的時空觀念中，任何事件在空間裡都有個固定位置、發生在時間裡的某個特定時刻；其中，第一次真正定義時間的是波茲曼，他用熵解釋了熱力學第二定律。波茲曼定義熵為體系的混亂程度，而且熵只能增大，不能減小，且最小值為零，不可能為負值。根據熱力學定律，所有獨立系統的熵會自發地增長，這就給時間安上了「方向的箭頭」；簡言之，時間是線性的。

　　而按照量子世界的理論，時間是人所定義的維度單位，不一定真實存在，所以，用時間去解釋一切肯定會出現無法解釋的情況；量子糾纏就是一個用時間和空間概念無法解釋的現象。當兩個粒子處於糾纏態的時候將它們分開，一個放到地球上，一個放到銀河系之外：按照人類的認知，理論上兩個粒子距離非常遠，以光速的限制而言，傳遞資訊再快也不可能同步發生變化；但是當地球上的粒子運動方向發生了改變，遠在銀河系外的另一個粒子卻同步發生相反的變化，時間和空間的物理限制在量子世界中並不存在。

　　那麼，假設時間、空間真的不存在，整個宇宙就是一個整體，於是兩個粒子之間的距離只是人產生的認知，實際上他們還是處在一個整體中，還是糾纏在一起並沒有分開，這樣它們之間的資訊傳遞或感應就可以實現暫態同步。就像照鏡子一樣，「鏡子中的自己」就是與「物理世界的自己」糾纏的

一個像，這個像的運動是同步而相反的，這兩個像之間並不需要資訊傳遞就可以同步，因為他們就是同一個實體的兩個像而已。而用鏡子去照鏡子，理想狀態下就出現了無限大的空間，甚至比宇宙還大。

如果我們存在的這個宇宙是一個實體宇宙在鏡子中的像，那麼時間和距離就都沒有意義了，兩個鏡像（糾纏）中的物體運動即為同步且相反，而且所謂的距離並不存在，更不需要資訊的傳輸。這，就是量子理論帶來的全新時空觀念。

但現在的我們尚無法理解這個新的時空觀，因為人類對空間和時間的度量，是站在人這個實體的角度；我們所說的巨觀物理世界和微觀物理世界，也是根據人的大小為參考基準，然而這個世界並不是由人組成，組成這個世界的是所謂的微觀粒子。只有更完美闡述微觀世界的物理規律，才有可能從根本上解讀整個宇宙的運行邏輯；這正是量子規律研究的價值所在。

量子世界為人們帶來的思考，涉及的領域不一，人們的觀點也不一致。不過，正是在這些多元討論及思考的過程中，人類逐步地撥開迷霧、看到一個更加精彩清晰的世界。

7.1.2　量子世界需要量子思維

量子理論出現所帶來的影響早已超出了物理學的範疇，在量子理論發展過程中，也逐漸開拓出一種新的科學世界觀和思維方式，即量子思維方式。

首先，量子思維具有整體性。在古典力學中，牛頓思維即牛頓機械物理是物理中還原論的思路；通常，若我們想要深入瞭解一個物體，會將這個物體分解成更小、更簡單的構件。如果可以做到這一點，我們就認為了解了這個物體。所以，萬物彼此分離分立。而在量子世界中，量子理論認為世界不包含任何一種獨立、固定的東西，整個宇宙由相互作用、互相疊加的動態能

量模式組成，在一個「連續的整體性模式」中縱橫交錯地互相「干擾」；整個世界彼此之間是緊密關聯的，應該從整體著眼看待世界，整體產生並決定了部分，同時部分也包含了整體的資訊。

整體觀，一是體現了量子系統整體大於各組成部分之和，不是各部分的簡單疊加，因為量子系統有著額外的效能和潛力；二是量子系統無論整體還是部分都與環境密切有關，系統的性質只有在系統中、在一定的環境下才會表現出來，並且會在一定環境下湧現，因此，量子組織對其所處的環境都十分敏感，無論是內部環境還是外部環境；三是要發現、測量和利用一個量子，必須在定義其關係的大背景下進行，量子之間這種大量而又模糊不清的關係就稱為「語境論」。

實際上，對於「萬物一體」的整體性觀念，儒釋道中均有論及。儒家中，孔子「一以貫之」，王陽明的弟子錢德洪說王陽明為「萬物一體」的思想奔走一生，至死才停下腳步。「萬物一體」貫穿於「心即理」、「知行合一」、「致良知」中。「仁者與天地萬物為一體，使有一物失所，便是吾仁有未盡處。」「夫人者，天地之心；天地萬物，本吾一體者也。」「萬物一體」是王陽明晚年講學的中心論題之一，在《答顧東橋書》等書信中，王陽明對此論旨作了反覆闡述。

老子《道德經》裡的「是以聖人抱一為天下式」、「昔之得一者：天得一以清，地得一以寧；神得一以靈，穀得一以盈；萬物得一以生，侯王得一以為天下正，其致也」、「道生一，一生二，二生三，三生萬物。萬物負陰而抱陽，沖氣以為和」等，都是對「萬物一體」的表述。

佛陀的《金剛經》：「若世界實有者，則是一合相。如來說一合相，即非一合相，是名一合相。」《楞嚴經》：「自心取自心，非幻成幻法，不取無非幻，非幻尚不生，幻法雲何立，是名妙蓮華，金剛王寶覺，如幻三摩提。」其大概意思是：我們是用覺知心去關照六塵萬法。其實，覺知心和六

塵萬法都是一個自心所現，本來這都是一真法界的一部分，現在就變成了幻法，人們不知道這個是幻，落入取相分別。而一旦你契入一真法界，整個打成一片，萬物一體，包括你自己在內，沒有一切的相名分別，這是一種沒有境界的智慧見地。

以上是儒釋道對宇宙真相不同表述的揭示。老子揭開了、孔子揭開了、佛陀揭開了、王陽明揭開了，古代聖賢們如同信使般以不同方式揭開「萬物一體」的整體性宇宙真相以示後人。

當今，頂尖科學家也同聖人一樣，對於宇宙真相的探究歸於整體性，是從牛頓思維變成量子思維（整體性），將整體性作為研究問題的出發點。英國物理學家波姆（David Bohm）在對後現代科學和後現代世界的論述時闡明：「相對論和量子物理學儘管在許多方面存在著分歧，但在完整整體這方面卻是一致的，他們的分歧在於，相對論要求嚴格的連續性、決定性和局限性，而量子力學的要求正好相反——非連續性、非決定性和非局域性。」物理學中兩種最基本的理論卻有著大相徑庭、不可調和的概念；這是存在的問題之一。然而儘管方法不同，他們都同意宇宙是一個完整的整體。

其次，量子思維具有多樣性。量子理論認為世界是「複數」，存在多樣性與多種選擇性，因此，在觀察和解釋世界及其事物時，不是「非此即彼」，而是「相容並包」。多樣性意味著在我們做出任何決定之前，選擇是無限的和變化的，直到我們最終選擇了，其他所有的可能性才崩塌。它還反映出量子系統是非線性，常處於混沌狀態，量子系統透過量子躍遷發展進化，混沌狀態會因一個微小的輸入而受到強烈干擾，「蝴蝶效應」就是典型代表。

最後，量子思維還具有不確定性。量子系統無論是所處的環境還是系統內部都存在「不確定性」，海森堡不確定性原理表示：「我們無法同時研究粒子的位置和動量，每次只能二者取一。」不確定性原理的第一點含義就

是，當我們關注事物的局部時，我們已經將局部從整體中剝離出來，同時選擇性地拋棄了其他可能性；也就是說，在任何情況下，我們所提出的問題都決定了我們最終的答案，而得不到其他的答案，因為每當透過提問、測量、聚焦等發生介入量子系統時，我們僅選取了該系統的一個方面進行研究，排除了其他因素和可能性。不確定性原理的第二點含義是，我們每次介入量子系統都會給系統帶來改變。

量子力學給予我們的重要啟示就是，我們不僅需要傳統的思維方式，同時還需要用量子思維方式來認識世界。實際上，人的量子思維方式與當今電腦的根本不同之處，就在於人不僅具有機械固定的學習能力，還具有極其靈活的思維能力，如創造性、想像力、跳躍型學習、靈感、頓悟等。科學家與藝術家等創造性的思維靈感，是透過長期環境訓練與學習知識疊加的結果，進而在某個特定時刻迸發出來。

7.2　跳出局限的力量

量子科學技術的發展，讓我們看到了這個世界不同於以往的方面，我們研究問題的視角也不再僅僅局限於宏觀的角度；更何況量子科學的發展克服了很多以往在宏觀世界無法克服的障礙，解決了許多過往難以解決的問題，給人類的生活帶來更多便利。量子科學的許多理論，像是不確定性和隨機性等，也給我們留下許多在哲學領域的思考空間，人類意識到這門學科不僅僅是一門科學，也蘊含相當的哲學成分，而這門學科的知識同時與許多其他學科有著較多的連結性，而正因為如此，很多人覺得量子科學技術為人類的生活帶來了翻天覆地的改變。

　　量子科技的發展雖然帶來了很大的便利，但是愈瞭解量子科學，就愈明白量子科學潛在的力量，在這個過程中也會發現到，量子科學背後亦存在著一些隱憂，某種程度上，在便利生活的同時也帶來了其他困擾和挑戰。

7.2.1　隱私的憂慮

　　和很多新技術一樣，量子科技這個有潛力的技術也是一把雙刃劍，它既有用處又令人擔憂。一直以來，人類都很注重資訊的保密性，當然這不僅僅出於保護隱私的考慮，還有一些其他的原因，例如利益和軍事目的。

　　一家美味的食品工廠，食物的配方就是機密，需要嚴格地加以保護，有了這份祕方，工廠才能在激烈的市場競爭中脫穎而出，保持自己的競爭優勢、獲得利潤。在戰場上，軍事情報尤為重要，一個資訊的洩露帶來的後果是難以估計的，可能是一群人生命的終止、一場戰役的勝負，嚴重者甚至關乎一個民族喪失自由與一個國家的存亡。正是因為資訊安全如此的重要，人們才想出如此多的加密方式，各種暗號暗語以及密碼之類的。

　　密碼學則是網路空間安全的基石，它分為密碼編碼學和密碼分析兩個分支。

　　密碼編碼透過設計密碼演算法或系統，保護資訊不遭敵人或有心人士竊取、篡改，保證資訊的保密性、完整性和可用性；密碼分析則是研究如何破譯敵方的密碼演算法或系統，兩者相互對立，又相互促進。

　　傳統密碼可分為對稱密碼和非對稱密碼，對稱密碼是指收發雙方採用相同的金鑰加密和解密資料；非對稱密碼是指加密和解密使用不同的金鑰，發送方用公開金鑰加密資料，接收方根據私密金鑰恢復資料。非對稱密碼基於數學上的困難問題，例如大數因式分解和離散對數問題，非法用戶無法在短時間內獲得解密金鑰。對稱密碼的安全取決於金鑰的及時更新，但由於網

路資料非常龐大，靠傳統的金鑰協商方法實現大量金鑰的即時安全交換相當困難。而公開金鑰密碼依賴的困難問題則會有遭到量子演算法破解的風險。1994 年，美國科學家秀爾提出了秀爾量子演算法，可以有效解決大數因式分解問題和離散對數問題，該演算法一旦實現，將導致目前廣泛使用的 RSA 和 ElGamal 公開金鑰密碼系統面臨遭到破解的威脅。

量子電腦的快速發展，尤其為實現秀爾量子演算法提供了可能性。目前有愈來愈多的研究機構和企業加入量子電腦研製的行列，例如，2019 年，IBM 公司公布了 53 量子位元超導量子計算處理器，並提供線上量子計算服務；Google 公司公布了 54 量子位元量子處理器，可實現隨機電路高速採樣（100 萬次採樣，需時約 200 秒），效能遠高於傳統電腦使用的方法；英特爾公司成功製造可支援 128 量子位元的量子晶片；微軟公司推出了量子開發套件；Honeywell 推出運用離子阱的量子電腦，達到 128 個量子體積。

中國在量子電腦領域也布局得早：2018 年，中國科學技術大學成功研製了半導體六量子點晶片，實現了半導體體系中的三量子位元邏輯閘操控；2019 年實現了 12 個超導量子位元「簇態」的製備，同年又實現了 20 光子輸入、60x60 模式干涉線路的玻色取樣量子計算；本源量子計算雲平台已成功上線 32 位元量子虛擬機器，並實現了 64 量子位元的量子電路模擬；清華大學、南京大學、浙江大學、國防科技大學、南方科技大學等許多大學，以及中科院計算所、軟體所等科研院所也投入量子電腦的理論與實驗研究；華為、阿里巴巴、百度及騰訊等大型企業亦積極地展開量子電腦的研發。

在這樣的背景下，通用量子電腦一旦出現，如果不採取應對措施將嚴重威脅目前廣泛使用的 RSA 和 ElGamal 公開金鑰密碼系統，可能導致關鍵資料如機密資料、生物資訊等面臨著洩露的風險。

值得慶幸的是，密碼失效的危險雖然存在，但量子科學技術也提供了新的資訊加密方式，量子通訊可以最大限度保護資訊的安全。量子不可測量性

以及量子糾纏的存在，不僅使得量子通訊過程更加安全，而且還自帶反竊聽能力，一旦有人截取資訊，資訊的接收方能夠很快察覺，進而實現資訊的安全。雖然量子科學技術可以保障資安並提供更加安全的通訊，但是關於量子科學的威脅依舊切實地存在。

不過量子科學對人類的威脅不僅在資訊安全方面，也涉及到人身安全，這點來自量子科學技術在軍事領域的應用。量子科學理論的很多應用不僅帶來生活便利，也能有效幫助軍隊提升戰鬥力和偵查能力，例如，中國已經建設完成的量子雷達系統可以用於偵查敵情，即使是隱形飛機也無法逃脫量子雷達的監察；而量子成像技術也能適應戰場的環境，探測出相應的設備形態甚至是化學成分。這一切，在在使得未來的戰事變成科學技術的較量，而一場戰爭中的科技含量愈高，可能造成的危害就會更大，相對的，人類面臨的威脅就更大了。

這些年來，量子科學技術特別是量子計算的發展，進一步推動了人工智慧技術的發展，由於量子計算可以大幅提升運算速度，因此能夠使得機器學習和人工智慧的發展更加智慧，而不是相對機械，這樣一來，未來的人工智慧技術將為人類帶來更多便利，不論是生產還是生活。但是，人工智慧的發展也引起了人們的擔憂，機器愈是先進，就可能對人類造成更大的衝擊，特別是就業市場。

量子科學技術的發展雖然會給人類社會帶來一定的威脅，但也帶來諸多便利。就像其他新技術一樣，在道德上，量子物理的應用方式是中立的，它可以為我們提供某些能力，至於如何利用這些能力則取決於使用者。我們要做的，不是因噎廢食，而是應該看清楚量子科學技術的兩面性，努力引導量子科學技術朝著更加符合人類利益的方向發展。

7.2.2　走向量子遠方

　　一個沒有量子技術的宇宙幾乎是空洞的。從世界的構成來看，人類世界依賴著原子和光，以及它們之間的相互作用。即便我們試圖避開那些在本質上使用了量子物理學理論的技術、努力將自己的觀點局限於古典物理學上，我們依然無法逃避一個現實——現代生活與量子物理不可分離。

　　不過，即使在最基本的層面，我們與量子物理學的接觸也才剛剛開始。使用量子知識也許能製造出某些新材料，而這些新材料將和其他自然材料有著截然不同的區別。

　　實際上，儘管我們對元素的認知已足夠深入，我們也很清楚元素週期表中哪些地方仍然空白，但是在場的領域，不明白的地方還太多。我們習慣於接受物質存在的三種基本形式——氣態、液態、固態；而在物理學家的視界，還存在另外兩種基本形式——等離子態（物質被加熱到極高溫度，直至失去或獲得電子並成為離子的集合）和玻色 - 愛因斯坦凝聚。

　　就像劍橋大學卡文迪許實驗室量子物質組主任 Malte Grosche 所指出，「量子物理與化學有著有趣的相似性。」

　　目前，大約只有 100 個元素可供化學家們研究，如果我們將研究物件擴展為化合物（以不同的方式將元素結合起來），研究物件將無窮無盡，從簡單的雙原子結構（如氯化鈉）到染色體中複雜的大型 DNA 分子結構。以類似模式透過量子方法將能製造出新的物質態，其電子自組織的方式將改變材料的自然屬性。這僅僅是開始，Grosche 還列出一份清單。

　　在這份清單中，Grosche 談到了不尋常的粒子——孔洞凝聚體（例如自旋或電荷的波梅蘭丘克序），也談到了手性（chiral）磁體中的斯格明子（skyrmion）晶格，在自旋冰材料中的磁單極子（magnetic monopole），

以及拓撲絕緣體（topological insulator）。也許它們聽起來十足科幻，但卻是真實存在。

顯然，量子理論對我們認識宇宙扮演著極為關鍵的角色，它能讓我們認識宇宙中的各種自然力，如電子的能力、雷射器的能力等；但目前，量子理論尚不足以描述自然，它所能夠做的，只是預測我們對自然所做的觀察會產生何種結果，而這個過程與描述自然並不能等同而論。

此外，我們還需注意的是，量子理論描述的僅是模型而非「真相」，因此我們應避免對量子科技的盲目狂熱。受後現代主義的影響，學術界存在一種傾向，就是將對量子的觀測擴展到「宏觀」世界。測不準原理意味著「一切皆不確定」；量子理論的神祕本質意味著「一切皆神祕」。也就是說，量子物理學並未描述真實的自然，只是為我們提供了一種方法，是我們根據現有資料預測未來結果的最佳方法。

量子理論認為不存在絕對的真相，真相只能根據機率進行預測，同時，量子物理學的預測結果與實際結果高度相符；例如，量子理論預測倫敦到紐約的距離，可以精確到等同於一根頭髮寬的程度。不同的理論，其價值與能力的等價關係並不相同。

因此，即使在網路中搜索到「量子」的詞彙，也不能代表真相。當你實際上網搜尋，可以輕易找到一些相關的結果，例如：你可以搜尋到「量子」設備能神奇地改變水，具有「量子」性質的水可以「恢復保濕所需的特殊平衡」，這是因為媒體在進行廣告宣傳時通常會加入一些詞彙以增加其科學性和感染力。在描述某樣物品時，僅在文字中加入科學術語甚至量子物理學術語，並不能算是對該物品做出真實表達。

在某種程度上，量子術語經常被人們引用，這種現象並不奇怪，說明了量子物理學對我們日常生活的重要性。過去歷史上的「船貨崇拜」思想出

現在一些與世隔絕的原住民社會，崇拜者看見外來的先進科技物品時，會將之視為神祇般崇拜，他們試圖透過這樣的方式（建造正版建築的仿造版）複刻技術社會的外在表象；理查費曼就將量子術語的濫用稱為「船貨崇拜科學」。「船貨崇拜科學」並不值得提倡，但它強調了量子物理學在人類生活中的重要性。

要知道，量子力學可以說是離我們十分遙遠的科學，在一個世紀以前，我們所理解的物理世界是經驗性的；到了二十世紀，量子力學為我們提供了一個物質和場的理論，改變了我們的世界；展望二十一世紀，量子力學將繼續為所有科學提供基本觀念和重要工具。

如今，我們已經站在了量子時代的起點。在這個世界處於浪潮迭起的風口階段，量子科技的迅猛發展不斷改變著人們的日常生活，科技和追求完美的思潮漸成時尚，量子科技也不再是描述小眾族群的名片，而是成為一種富有激情且不斷革新的意識形態。無論結果如何，從科學的黎明時刻就開始對自然的終極理解之夢將繼續成為新知識的推動力，而在未來，量子科技仍將帶領我們跨越局限的力量，走向寬廣的遠方。

博碩文化

博碩文化